JN000198

作って楽

プログラミング

Android アプリ

超 入 門

[改 訂 新 版]

Android Studio 2020.3.1 & Kotlin 1.5で学ぶ
はじめてのスマホアプリ作成

WINGSプロジェクト
髙江 賢 著／山田祥寛 監修

日経BP

はじめに

　本書は簡単なゲームアプリを作成しながら、Android プログラミングの基礎を学べる入門書です。全9章を順番に進めることで、Android アプリの基礎知識から、開発環境の準備、Android アプリ作成の基本、アプリ公開の手順までを学ぶことができます。

実施環境

●本書の執筆にあたって、次の環境を使用しました。
- ・Windows 10 Pro 21H1 64ビットを標準セットアップした状態
- ・画面解像度を1280×980ドットに設定した状態
- ・インターネットに接続できる状態
- ・Android 11 のスマートフォン（第8章）

●本書でインストールする開発環境のバージョンは、次のとおりです。
- ・IDE：Android Studio Arctic Fox | 2020.3.1 Patch 2
- ・Android SDK：Android 12.0（API 31）

●お使いのパソコン／スマートフォンの設定や、ソフトウェアの状態によっては、画面の表示が本書と異なる場合があります。

●本書に掲載の情報は、本書執筆時点で確認済みのものです。Android アプリ開発の分野は更新が頻繁に行われるため、本書の発行後に画面や記述の変更、追加、削除、URLの移動、閉鎖などが行われる場合があります。あらかじめご了承ください。

本書の使い方

●表記について
- ・メニュー名やコマンド名、ボタン名など、画面上に表示される文字は［ ］で囲んで示します。
   例：［編集］メニューから［コピー］を選択する。
- ・キーボードで入力する文字は、色文字で示します。
   例：C:¥androidと入力する。
- ・コードは次のような書体になっています。 ➲は、次の行に続いていることを示します。実際に入力するときは、改行せずに続けて入力してください。また、アルファベットのO（オー）と区別するために、数字の0（ゼロ）を「Ø」という文字で示しています。実際に入力するときは、数字の0を入力します。

```
val rotate = RotateAnimation(Øf,- 36f, ➲
                             omikujiView.width/2f, omikujiView.height/2f)
rotate.duration = 2ØØ
```

●囲み記事について
・「ヒント」は他の操作方法や知っておくと便利な情報です。
・「注意」は操作上の注意点です。
・「用語」は本文中にある用語の解説です。
・「参照」は関連する機能や情報の参照先を示します。
・「参照ファイル」は本文中で使用するファイルが保存されている場所を示します。
●手順の画面について
・左側の手順に対応する番号を、色の付いた矢印で示しています。
・手順によっては、画面上のボタンや入力内容などを拡大しています。

サンプルファイルのダウンロードと使い方

　本書で作成するサンプルアプリの完成例、およびサンプルアプリの作成に使用する素材（画像ファイルなど）は、日経BPのWebサイトからダウンロードすることができます（ファイルのダウンロードには日経IDおよび日経BPブックス＆テキストOnlineへの登録が必要になります。登録はいずれも無料です）。サンプルファイルをダウンロードして展開する手順は次のとおりです。

1. Webブラウザを起動して、次のURLにアクセスする。
   https://project.nikkeibp.co.jp/bnt/atcl/21/S80090/
2. 「データダウンロード」の「サンプルファイルのダウンロード」をクリックする。
3. ダウンロード用のページが表示されるので、説明や動作環境を確認してからダウンロードする。
4. ダウンロードしたZIPファイルを展開（解凍）すると［EnjoyAndroid］というフォルダーができる。

　それぞれのフォルダーと本文との対応は、次の表のようになります。

フォルダー名	内容
sample	各章で作成したアプリの完成例がすべて保存されています。完成例のファイル（プロジェクト）の開き方は、第5章のコラム「サンプルプロジェクトの読み込み方」で説明しています。
画像	本書で使用する画像ファイルが保存されています。［sample］フォルダーの［第5章］フォルダーと［第9章］フォルダーのなかにあります。

目 次

第5章 アプリに画像を組み込もう

第6章 アプリを完成させよう

目次

第 **1** 章

Androidとアプリ について知ろう

本書では、はじめてプログラムを作る方を対象として、Androidアプリの作成から公開までの手順を説明します。実際にAndroidアプリを作成しながら、ひとつずつ手順を解説していきます。まずは、そもそもAndroidとは何か、またAndroidアプリとはどういうものかを学習していきましょう。

Android を学ぼう

まず、Android の概要を確認しておきましょう。

Androidとは

Android（アンドロイド）とは、スマートフォンやタブレット端末など、モバイル情報端末向けに開発されたオペレーティングシステム（プラットフォーム）の一種です。

もともと Android は、アメリカの Android 社が開発していたものですが、その Android 社をアメリカの Google（グーグル）社が買収しました。その後 Android は、Google が中心となって設立した規格団体「Open Handset Alliance」（オープンハンドセットアライアンス、OHA）によって発表されました。OHA には、Google のほかに、Motorola や台湾の HTC といった端末メーカー、日本の NTT ドコモや KDDI といった通信キャリアなどが参加しています。

用語

OS（Operating System、オペレーティングシステム）

キーボードの入力や画面の表示、メモリの管理といった基本的な機能を提供する、コンピュータシステムを管理するソフトウェア。パソコン用には、Microsoft 社の Windows や Apple 社の Mac OS、Linux といった OS がよく使われています。

プラットフォーム（Platform）

一般に Windows や Linux といった OS や、基盤となるコンピュータのハードウェアのことを指します。またそれらの設定、環境を含めた総称として使われることもあります。

Androidの特徴を学ぼう

Android のいちばんの特徴は、**オープンソース**であるということです。オープンソースとは、ソフトウェアの元になるソースコードを無償で公開して、誰でも改良や再配布が行えるようにしたソフトウェアです。そのため、誰もが自由に Android を使え、利用するためのライセンス費用を、どこかに支払う必要はありません。

また Android は、特定のハードウェアのみに依存するものではありません。そのため、Android が搭載されている端末では、どれでも同じように動作するアプリケーションを作ることができます。

用 語

ライセンス

ソフトウェアを開発したものが、購入者や利用者に
対して許諾する、ソフトウェアを使用するための権
利のこと。

Androidの構造を学ぼう

　Androidは、オープンソースOSの**Linux（リナックス）**をベースにしたソフトウェアの集
合体になっています。基礎的な部分にLinuxを採用し、そこに一般的な機能を提供する標準ラ
イブラリや、「Dalvik VM」（ダルビックブイエム）、5.0からは、「ART」（アンドロイドランタ
イム）と呼ばれる**Java仮想マシン**を含むランタイムが搭載されています。次の図は、
Android全体の構造を示したものです。

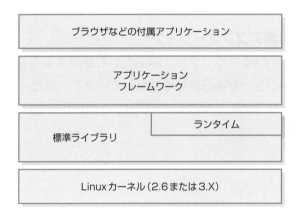

（1）Linuxカーネル

　Linux（バージョンは2.6または3.X）のカーネル（OSの核になる部分）を、Androidの用
途に合うように改造して利用しています。Android 4.0からは、バージョン3.0以降のカーネ
ルを採用しています。

（2）標準ライブラリ

　ライブラリとは、ある機能を提供するためのプログラムの集まりのことです。標準ライブラ
リは、C言語やC++で開発された、基本的な機能のライブラリです。「Libc」（リブシー）と呼
ばれるC言語のライブラリを中心に、データベース機能を提供する「SQLite」（エスキューラ

イト）や、Webブラウザの表示機能をつかさどる「WebKit」（ウェブキット）などが含まれています。

（3）ランタイム

　Java言語で書かれたアプリケーションを実行するための部分です。Java仮想マシン（次の節でまた説明します）や、基本的なライブラリで構成されています。

（4）アプリケーションフレームワーク

　フレームワークとは、アプリケーションを開発するために必要な機能をまとめて提供し、アプリケーションの土台となるソフトウェアのことです。Androidのアプリケーションを開発するための、さまざまな**API**を提供しています。

　API（Application Programming Interface）とは、OSやプラットフォームで用意されたライブラリなどの機能を、アプリケーションから容易に利用できるようにしたものです。アプリケーションは、このAPIを通して、Androidのすべての機能を利用することができます。

（5）ブラウザなどの付属アプリケーション

　Webサイトを閲覧するWebブラウザや、電話として使用するためのソフトウェアといった、基本的なアプリケーションがあらかじめ付属しています。また、本書で作成するように、あとからアプリケーション（以降、「Androidアプリ」と表記します）を追加してインストールすることも可能です。

用 語

Linux（リナックス）

フィンランドの大学院生によって開発されたOS。のちにオープンソースソフトウェアとして公開され、主にインターネットサーバーに広く利用されています。また最近では、デジタル家電などの組み込み機器のOSとしても使われるようになっています。

Androidのバージョン

　Androidは、一般に公開されたバージョン1.5から、速いペースで開発が進み、本書の執筆時点での最新バージョンは12です。次の表は、バージョンの履歴をまとめたものです（本書で作成するAndroidアプリは、バージョン5.0以降を対象としています）。

Androidのバージョン	コードネーム	リリース日
1.5	Cupcake	2009年 4月30日
1.6	Donut	2009年 9月15日
2.0、2.1	Eclair	2009年10月26日
2.2	Froyo（Frozen Yogurt）	2010年 5月21日
2.3	Gingerbread	2010年12月 6日
3.0、3.1、3.2	Honeycomb	2011年 2月22日
4.0.1〜4.0.3	Ice Cream Sandwich	2011年10月18日
4.1〜4.3	Jelly Bean	2012年 6月27日
4.4.1〜4.4.4、4.4w	KitKat	2013年12月 5日
5.0〜5.1.1	Lollipop	2014年10月17日
6.0、6.0.1	Marshmallow	2015年10月 5日
7.0〜7.1.2	Nougat	2016年 8月23日
8.0、8.1	Oreo	2017年 8月21日
9.0	Pie	2018年 8月 6日
10	Q	2019年 9月 3日
11	R	2020年 9月 8日
12	S	2021年10月 5日

　Android 3.xは、それまでと異なり、スマートフォンには対応しておらず、タブレット端末専用となっています。4.0からは、スマートフォンとタブレットの両方に対応するようになりました。

　また、Androidでは、各バージョンに対してコードネームがつけられています。コードネームには法則があり、バージョンの発表順に、頭文字がC、D、……というアルファベット順になっています。またバージョン9までは、コードネームがお菓子の名前になっていましたが、バージョン10からアルファベット1文字に変更されました。

Androidアプリを学ぼう

ここでは、Android アプリを作るための概要と、Android アプリが動作
するしくみを見てみましょう。

Androidアプリを作るには

Androidのアプリケーションを開発するには、**Java（ジャバ）**や**Kotlin（コトリン）**と
いった**プログラミング言語**を用います。プログラミング言語とは、コンピュータや端末を動か
すための命令（**コマンド**といいます）群である**プログラム**を作るための言葉です。プログラミ
ング言語の仕様にしたがって書かれたプログラムのことを、**ソースコード**と呼びます。

Javaとは

Javaとは、アメリカの代表的なコンピュータベンダーであるSun Microsystems（サンマ
イクロシステムズ）社が開発した**オブジェクト指向**に基づくプログラミング言語です（2010
年にデータベースで有名なOracle社に買収されました）。

Javaは1995年に公に発表され、今では、インターネットのサーバー分野からデスクトッ
プアプリケーション、そしてさらには、携帯端末や家電の組み込み分野にまで幅広く利用され
ています。

Kotlinとは

Kotlinとは、JetBrains社で開発されたオブジェクト指向プログラミング言語です。発表さ
れたのは2011年で、とても新しいプログラミング言語ですが、2017年のGoogle I/O
（Googleが開催する年次開発者向け会議）で、正式なAndroidアプリの開発言語として選定さ
れました。

今までは、Androidアプリの開発といえば、Javaが標準な開発言語でした。ところがKotlin
でAndroidアプリの開発ができるようになってからは、Kotlinを選ぶ開発者が急増しています。

Kotlinは、Java言語と100%の互換性がありながら、多くのプログラミング言語の"いい
とこ取り"をしたような言語です。また、Javaに比べて、シンプルにコードが記述でき、初心
者でもわかりやすい文法となっています。

本書では、今たいへん注目されているKotlinを用いたAndroidアプリ開発を学んでいきます。

Java 仮想マシンとは

　Javaは、"Write once, run anywhere"（プログラムを1度書くだけで、それをどのプラットフォームでも実行できるという意味）をスローガンとしていました。つまり、Javaで開発されたソフトウェアは、OSやハードウェアを問わず、どんなプラットフォームでも実行可能だということです。

　この夢のようなスローガンを実現するために、仮想的なコンピュータ環境を利用するという方式が考えられました。C言語やC++では、アプリケーションなどのソースコードを、そのままパソコンなどのプラットフォームで実行できる形式に変換します。それに対してJavaでは、まずソースコードを、プラットフォームから独立した独自の形式（バイトコード）に変換します。それを、Java仮想マシン（JavaVM、ジャバブイエム）と呼ばれるソフトウェアが、プラットフォーム固有の形式（**ネイティブコード**といいます）に変換しながら、実行します。

　このように、JavaVMが統一された仮想環境をエミュレートし、プラットフォームの違いを吸収するため、どんな環境であっても同一のプログラムで動作させることができるのです。

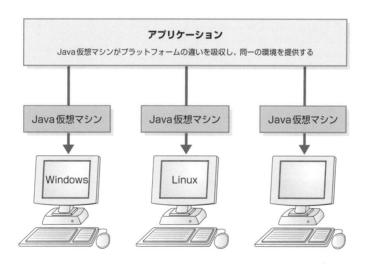

　Kotlinも、Javaと同様にJava仮想マシンの環境に対応した言語です。Kotlinで開発したアプリでも、Javaで開発したアプリとまったく同じしくみで動作します。

Androidアプリが動作するしくみ

　Androidアプリも、仮想マシンの環境で動作します。Androidの場合は、Googleが開発した**Dalvik VM**と呼ばれるJava仮想マシンが使用されています。これは、パソコンなどで利用されるJavaVMとは異なり、携帯端末の環境に合わせて独自に開発されたものです。

　なお、Androidバージョン5.0以降では、従来のDalvik VMが廃止され、ART（Android Runtime）という新しい仮装マシンのもとでAndroidアプリが動作するようになっています（バージョン4.4では、実験的にARTも選択可能）。

　Dalvik VMでは、ネイティブコードに変換しながらアプリを実行していましたが、このARTでは、アプリを最初にインストールした時にネイティブコードに変換されます。その結果、実行時の変換処理が不要になり、Dalvik VMよりも、高速で効率よくアプリを実行できるようになりました。

ヒント

サイドローディング

サイドローディングとは、公式なアプリストア（Androidでは、Google Play）以外からアプリを取得してインストールすることです。「野良アプリ」や「勝手アプリ」という言葉を聞いたことがあるかもしれません。これらはサイドローディングしたアプリの日本での呼び名です。なおGoogleでは、サイドローディングを禁止しているわけではありません。Google Play以外のアプリストアでは、AmazonのAmazonアプリストアなどがあります。

Androidアプリ作成の流れ

1.3

次に、Androidアプリを作るには、どんなものが必要か、またAndroidアプリの作成は、どんな手順となるのかを見ていきましょう。

Androidアプリを開発するために必要なもの

　本書で作成するAndroidアプリは、Kotlinを用います。開発を行うためのパソコンは、WindowsやLinux、macOSといったOSが利用可能です。そのうち本書では、もっとも利用者の多いWindowsパソコンでの開発を前提にしています。

　WindowsパソコンでAndroidアプリを開発するためには、次のソフトウェアが必要になります（インストール方法は第2章で学びます）。

1. Android Studio（統合開発環境）
2. JDK（Java Development Kit、Java開発キット）
3. Android SDK（Software Development Kit）

　このうち、2は、Androidアプリだけでなく、一般的なJava言語の開発でも用いるツールです。1と3が、Androidアプリ開発のために必要なソフトウェアとなります。これらは、すべてインターネットを通じて無償で公開されていて、誰でも自由に利用できます。

　Android Studioは、**統合開発環境**（IDE）と呼ばれるソフトウェアです。プログラムソースを記述するエディターや、ソースコードを変換するツールなどを、ひとつに統合したものです。

　JDKとは、**Java Development Kit**（Java開発キット）と呼ばれるソフトウェアです。Javaでアプリケーション開発を行うために必要な、コンパイラやライブラリなどのソフトウェアをまとめたものです。Android Studioでは、Oracle社が提供するJDKを利用するようになっていましたが、バージョン2.2から、OpenJDK（Open Java Development Kit）と呼ばれるJDKを使うことが標準になりました。

　Android SDKは、Androidアプリを作成するために必要なソフトウェアで、ライブラリや、ドキュメント、サンプルプログラムなどが含まれています。

　なお、アプリの開発は、Windows 7以降で大丈夫ですが、開発用のソフトウェアは動作が重いものが多いので、CPU速度が速くメモリの量が多いパソコンでの開発をおすすめします。

Android Studioを使ったアプリ作成の流れ

　本書でのAndroidアプリ開発は、統合開発環境のAndroid Studioを中心に利用します。そのほかの開発用ソフトウェアは、Android Studioから呼び出す形になります。

　Android Studioを使った一般的なAndroidアプリの作成の手順は、次のようになります。

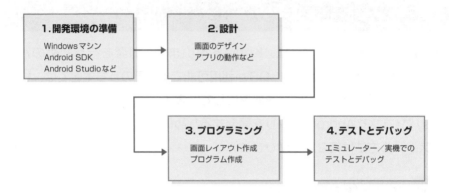

　まずは、どんなAndroidアプリとするかを**設計**します。どのような画面のデザインにするか、ボタンをタップしたときにどう動作するか、といったことを決めます。設計が終わったら、プログラミングを行います。追加したコードが意図したとおりに動作するかは、**エミュレーター**で実行してテストし、問題があれば、**デバッグ**と呼ばれる修正を行います。そして最後に、Android端末の実機にインストールして、動作の確認をします。

エミュレーターとは

　通常、パソコンで動作するソフトウェアを開発する場合は、同様にパソコンでプログラミングを行います。これに対し、Androidアプリでは、最終的にアプリを動作させる環境と、プログラミングを行う環境が異なっています。

　このようなケースでは、**エミュレーター**と呼ばれる開発支援用の環境を用います。Androidアプリの開発では、パソコン上でAndroid端末を模擬的に実行する、ソフトウェアのエミュレーターを利用します。このエミュレーターは、Android SDKに含まれています。エミュレーターを使えば、Androidアプリをパソコン上で実行することができます。

本書で学ぶこと

1.4

本書で作成する Android アプリと、これから学習する内容を確認しておきましょう。

本書で作成するアプリ

　本書では、「おみくじアプリ」という Android アプリを作成します。このアプリは、神社などのおみくじと同様に、おみくじ箱を表示したスマートフォンやタブレットを振って、くじを選択し、吉凶を表示するシンプルなものです。

　おみくじアプリを作りながら、Android アプリがどんなプログラム構造になっているか、また Android が搭載されたスマートフォンやタブレットの機能を利用するには、どうすればよいのかを学習します。

これから学習する内容

第2章から学習する内容は、次のとおりです。

章	学習内容
第2章	Androidアプリを作成するためのソフトウェアをインストールします。
第3章	Androidアプリのプロジェクトを作成し、主にAndroid Studioの操作を学習します。
第4章	かんたんなコードを書きながら、Kotlinの基本を学びます。
第5章	画面に画像を表示し、その画像をアニメーションさせてみます。
第6章	イベントの処理と、アプリの内部的な動作を作成します。
第7章	メニューを作成し、設定画面などを呼び出す方法を学びます。
第8章	実際にスマートフォンやタブレットに接続して、センサー機能を学習します。
第9章	Androidアプリを、Google Playに登録して公開する手順を学びます。

　まずは必要なソフトウェアのインストールから始め、続いておみくじアプリを少しずつ作成していきます。最後は、Google Playに登録して公開するところまで紹介します。ただし、読者のみなさんは、本書で作成するAndroidアプリをそのまま公開しないでください。自分が作ったオリジナルなAndroidアプリを登録して、公開するようにしましょう。

〜 もう一度確認しよう！〜　チェック項目

☐ Androidとは何かわかりましたか？

☐ JavaやKotlinとはどういうものか理解しましたか？

☐ Androidアプリを作成する流れはわかりましたか？

☐ Androidアプリを作るには、何が必要か理解できましたか？

☐ 本書で作成するAndroidアプリについて理解しましたか？

アプリを作る準備をしよう

この章では、Windowsのパソコンに、Androidアプリを作るためのソフトウェアをインストールします。それから、Android Studioを設定してみましょう。

2.1 必要なソフトウェアをインストールしよう

前の章で説明したように、Androidアプリの作成には複数のソフトウェアが必要です。ただし本書執筆時点のAndroid Studioのインストーラーでは、まとめてインストールできます。

Android Studioをインストールしよう

Android DevelopersサイトからAndroid開発ツールの「Android Studio」をダウンロードして、インストールします。

なお、本書執筆時点のAndroid Studioでは、JDKやAndroid SDKを別途インストールする必要はありません。Android Studioのインストーラーでまとめてインストールできます。

1 Google Chromeブラウザのアドレスバーに、**https://developer.android.com/studio/** と入力して Enter キーを押す。

結果 Android Developersサイトに移動する。

2 [Download Android Studio] ボタンをクリックする。

結果 利用規約が表示される。

3 利用規約を確認したらチェックを入れて、[ダウンロードする：Android Studio（Windows用）] ボタンをクリックする。

結果 ファイルのダウンロードが始まる。

✋ 注意

本書の対応Windows

本書では、64ビット版Windows 10でのインストールを解説しています。32ビット版Windowsはサポートされなくなりましたので、64ビット版Windowsの使用をおすすめします。

4 ダウンロードしたファイルの右端にある
▼をクリックし、表示されたメニューから
［開く］をクリックして実行する。［ユー
ザーアカウント制御］画面が表示された
場合は［はい］をクリックして続ける。

結果 ▸ ［Android Studio Setup］ウィザードが起動
する。

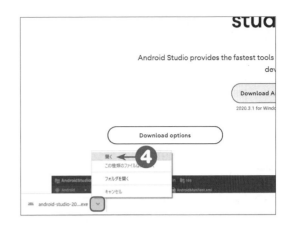

5 ［Next］ボタンをクリックする。

結果 ▸ ［Choose Components］画面が表示される。

6 すべての項目にチェックが入っているこ
とを確認して、［Next］ボタンをクリッ
クする。

結果 ▸ ［Configuration Settings］の［Install Lo
cations］画面が表示される。

バージョンや表示言語は変わることがある

本書では、執筆時点のAndroid Studioの最新バー
ジョンである「Arctic Fox 2020.3.1」を使用しま
す。本書の発行後にバージョンアップされている場
合は、第3章のコラム「本書で使用したバージョンの
Android Studioをダウンロードするには」の手順
で、本書で使用したバージョンのAndroid Studioを
ダウンロードできます。
また、本書執筆時では、インストーラーのダウンロー
ドページは英語版となっています。こちらも、本書の
発行後に、日本語版のページに変わる可能性もあり
ます。
いずれも、バージョンアップなどの変更によって画
面や手順が変わった場合は、できるだけ本書の内容
に合わせるようにして進めてください。

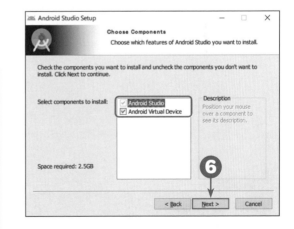

7 [Android Studio Installation Location」の入力欄に、**C:¥android¥ Android Studio**と入力して、[Next] ボタンをクリックする。

結果▶ [Choose Start Menu Folder] 画面が表示される。

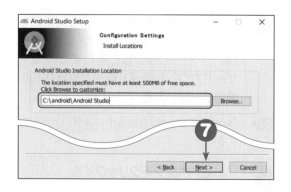

8 そのまま [Install] ボタンをクリックする。

結果▶ インストールが開始され、完了すると [Installation Complete] 画面が表示される。

9 [Next] ボタンをクリックする。

結果▶ [Completing Android Studio Setup] 画面が表示される。

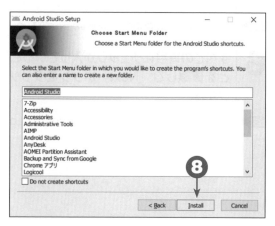

10 [Start Android Studio] にチェックが入っていることを確認して、[Finish] ボタンをクリックする。

結果▶ Android Studioが起動し、[Welcome] 画面が表示される。

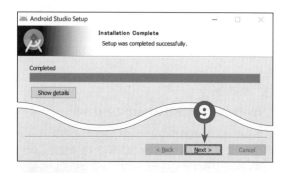

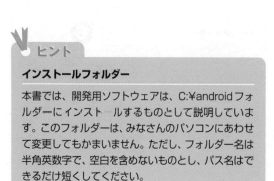

ヒント

インストールフォルダー

本書では、開発用ソフトウェアは、C:¥androidフォルダーにインストールするものとして説明しています。このフォルダーは、みなさんのパソコンにあわせて変更してもかまいません。ただし、フォルダー名は半角英数字で、空白を含めないものとし、パス名はできるだけ短くしてください。

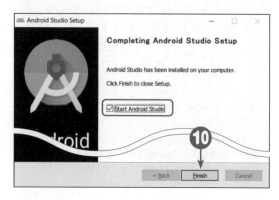

11 [Next] ボタンをクリックする。

結果 [Install Type] 画面が表示される。

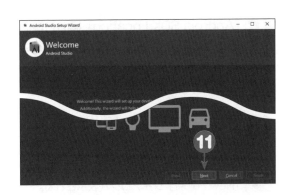

12 [Custom] を選択して、[Next] ボタンをクリックする。

結果 [Select default JDK Location] 画面が表示される。

13 そのまま [Next] ボタンをクリックする。

結果 [Select UI Theme] 画面が表示される。

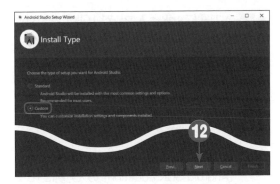

14 どちらかの画面デザイン（本書では [Light]）を選択して、[Next] ボタンをクリックする。

結果 [SDK Components Setup] 画面が表示される

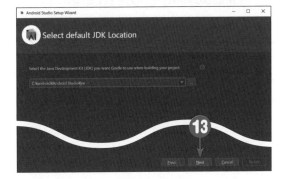

ヒント

起動中にメッセージが表示されたときは

Android Studioを初めて起動する場合、次のような [Inport Android Studio Settings] 画面が表示されることがあります。これは既存のAndroid Studioの設定を引き継ぐかどうかの問い合わせです。本書では[Do not import settings] を選択して [OK] をクリックします。

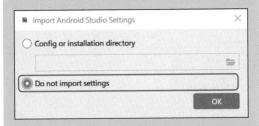

また、GoogleにAndroid Studioの使用統計情報を送信するかどうかを問い合わせる [Data Sharing] 画面が表示されたときは、送信するなら [Send usage statistics to Google]、送信しないなら [Don't send] を選択します。

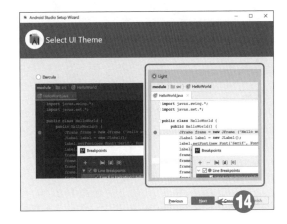

15 [Android SDK Location] 欄の右端にあるフォルダーのアイコンをクリックする。

結果 [Android SDK] ダイアログが表示される。

16 フォルダーの一覧から [C:¥] の下にある [android] を選択し、ツールバーの [New Folder] ボタンをクリックする。

結果 [New Folder] ダイアログが表示される。

17 入力欄に**sdk**と入力して [OK] をクリックする。

結果 C:¥android¥sdk フォルダーが作成され、[Android SDK] ダイアログに戻る。

18 [OK] ボタンをクリックする。

結果 [SDK Components Setup] 画面に戻る。[Android SDK Location] の入力欄に「C:¥android¥sdk」と入力されている。

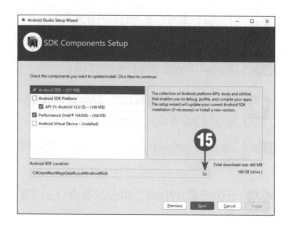

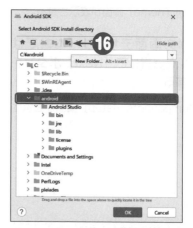

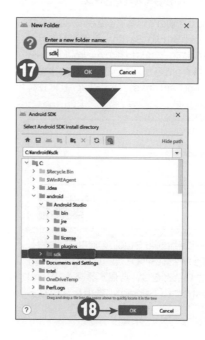

19 [Next] ボタンをクリックする。

結果 [Emulator Settings] 画面が表示される。

20 そのまま [Next] ボタンをクリックする。

結果 [Verify Settings] 画面が表示され、ダウンロードされる項目の一覧が表示される。

21 そのまま [Finish] ボタンをクリックする。

結果 各ファイルのダウンロードとインストールが始まる。[ユーザーアカウント制御] 画面が表示された場合は [はい] をクリックして続ける。完了すると [Finish] ボタンのみがアクティブになる。

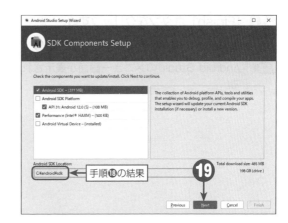

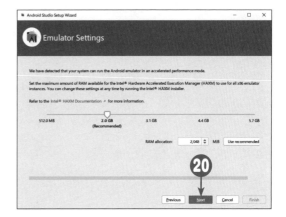

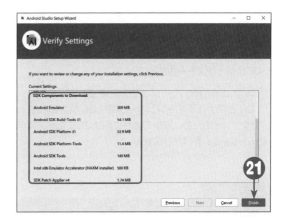

22 [Finish] ボタンをクリックする。

結果 Android Studioのメニュー画面が表示される。

JDKのインストールは不要

Android Studioバージョン2.2以上には、Open JDKと呼ばれるオープンソースのJDKが含まれています。そのため、従来のように別途JDKをインストールする必要はありません。

拡張子を表示する

ファイルの拡張子は表示する設定にしておきます。Windowc 10の場合は、エクスプローラーの [表示] タブをクリックして [ファイル名拡張子] にチェックを入れます。Windows 11の場合は、[表示] メニューの [表示] にある [ファイル名拡張子] にチェックを入れます。

Android Studioを設定しよう

2.2

Android Studio は、Android アプリ作成用に特化したツールです。そのため、標準の設定でも問題はありませんが、ここでは、よりプログラミングしやすいように変更してみましょう。

設定を変更しよう

Android Studioを起動すると、「Welcome to Android Studio」というメニュー画面が表示されます。この画面のメニューから設定画面を呼び出してみましょう。

1 Android Studioを起動して表示される [Welcome to Android Studio] 画面の左ペインにある [Customize] タブをクリックする。

結果▶ カスタマイズ設定画面が表示される。

2 [All settings] をクリックする。

結果▶ [Settings for New Projects] 画面が表示される。

3 左ペインのメニューから［Editor］－
［Inlay Hints］－［Kotlin］を選択し、
［Show parameter name hints］の
チェックをはずす。

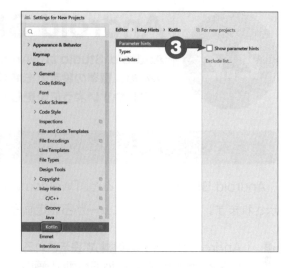

4 左ペインのメニューから［Editor］－
［General］－［Code Folding］を選択
し、右ペインの［Imports］のチェックを
はずす。

5 左ペインのメニューから［Editor］－
［General］－［Code Completion］を
選択し、右ペインの［Match case］の
チェックをはずす。

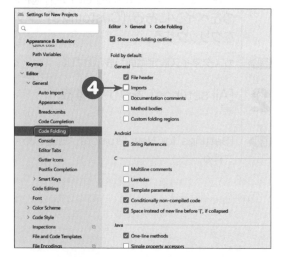

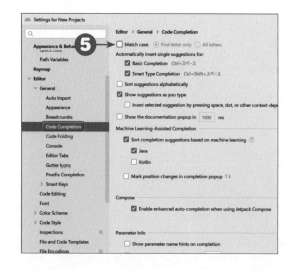

6 左ペインのメニューから［Editor］−
［File Encodings］を選択し、右ペイン
の［Project Encoding］のリストボッ
クスから［UTF-8］を選択する。

7 ［Properties Files]の[Default encoding
for properties files］の文字コードも
［UTF-8］に変更し、［OK］ボタンをク
リックする。

結果 ［Welcome to Android Studio］画面に戻
る。

ヒント

画面デザインを変更するには

Android Studioのインストール中に選択した画面
デザインは、[Android Studioへようこそ]画面から
変更できます。［カスタマイズ］タブをクリックして
画面を切り替え、［カラースキーム］のリストボック
スから選択します。

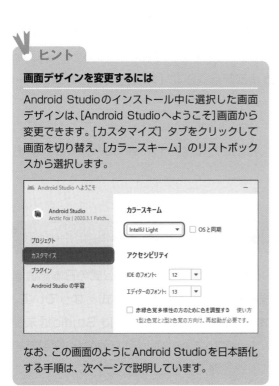

なお、この画面のようにAndroid Studioを日本語化
する手順は、次ページで説明しています。

設定した内容を見てみよう

手順❸では、少しまぎらわしい表示のヒント機能を非表示にしています。

標準ではソースコードの「import」(インポート)が折りたたまれるようになっていますが、プログラミングにおいて不便なところもありますので、手順❹で折りたたまれないように変更しています。

手順❺では、**コード補完**と呼ばれる機能で、大文字と小文字を区別なく検索できるようにしています。コード補完については、第3章の3.3節で説明します。

なお、Androidの標準の文字コードは「UTF-8」ですので、手順❻と手順❼でプロジェクトの文字コード設定も変更しています。

参 照

インポート機能 (import文)

→ 第4章の4.2節

Android Studioとは

Android Studioは、Googleが無償で提供しているAndroidアプリ開発に最適化された統合開発環境 (IDE) です。従来は、Eclipseという開発環境に、ADT (Android Developer Tools) というツールを追加した環境が標準でしたが、2014年11月より、Android Studioを使うことが推奨されるようになりました。本書執筆時点 (2021年9月現在) では、バージョンArctic Fox 2020.3.1が最新です。

Android Studioは、JetBrains社が開発した「IntelliJ IDEA」というオープンソースのIDEがベースになっていて、Androidアプリ開発に特化した環境です。Windows、macOSおよびLinux環境で動作するものがあります。

Android Studioを日本語化してみよう

Android Studioのベースとなった「IntelliJ IDEA」というIDE向けに、公式の日本語言語パックがリリースされています。この日本語言語パックは、プラグイン形式となっていて、Android Studioでも適用することができます。本書執筆時点では、Android Studioは未サポート (Unsupported Products) のあつかいになっているものの、特に問題なく利用できます。本書では、Android Studioに日本語言語パックを導入することにします。

1 ブラウザのアドレスバーに、**https://plugins.jetbrains.com/plugin/**と入力してJetBrains Marketplaceページを表示する。検索ボックスに**japanese**と入力し、表示された候補から[Japanese Language Pack / 日本語言語パック]をクリックする。

結果▶ 日本語言語パックの配布ページが表示される。

2 「Version History」というリンクをクリックする。

結果▶ 過去のプラグインのダウンロードページが表示される。

3 画面を下にスクロールして[Show More]ボタンをクリックしていき、「203.709」というバージョンの行のところでクリックする。

結果▶ 詳細ページが開く。

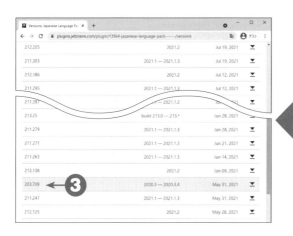

4 [Download] ボタンをクリックして、プラグインファイルをダウンロードする。警告が表示される場合があるが問題ないので、そのまま [保存] ボタンをクリックする。

結果 プラグインファイルが保存される。

5 Android Studio に戻り、左ペインから [Plugins] タブをクリックする。

結果 プラグイン設定画面になる。

6 歯車のメニューボタンをクリックして、[Install Plugin from Disk] を選択する。

結果 [Choose Plugin File] ダイアログが表示される。

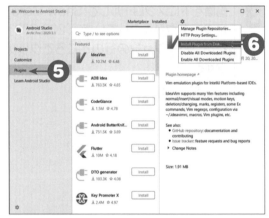

7 ダウンロードしたプラグインファイル (ja.203.709.jar) を選択して、[OK] ボタンをクリックする。

結果 プラグインがインストールされる。

ヒント

プラグインファイルの場所

ダウンロードしたプラグインファイルは、標準の設定では C:¥Users¥ユーザー名¥Downloads フォルダーの配下にあります。お使いのブラウザでダウンロード先フォルダーを変更している場合は、そのフォルダーの配下を探してください。

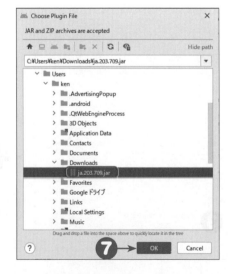

8 [Restart IDE] ボタンをクリックする。確認のダイアログが表示されたら、[Restart] ボタンをクリックする。

結果 Android Studioが再起動され、日本語表示になる。

日本語化された

ヒント

日本語言語パックのバージョン

Android Studioは、「IntelliJ IDEA」をベースとしていますが、必ずしも最新バージョンがベースになっているわけではありません。そのため「IntelliJ IDEA」用の日本語言語パックも、最新のものをAndroid Studioに組み込めないことが多いようです。本書執筆時点のAndroid Studioは、バージョン203.7717〜がベースとなっているため、日本語言語パックは「203.709」をダウンロードするようにしました。なお将来は、本書の手順ではなく、Android Studioのプラグイン設定画面からインストールできるようになるかもしれません。

2.3 Androidエミュレーターを 使ってみよう

Android SDKに付属するエミュレーターの設定を行います。

Androidエミュレーターとは

Androidエミュレーターを使うと、擬似的なAndroid端末をパソコン上で動作させることができます。実際のAndroid端末には、さまざまなハードウェアが存在します。画面のサイズが小さいスマートフォンから、画面の大きなタブレット、また搭載されているAndroidのバージョンもまちまちです。Androidエミュレーターでは、こういった複数の環境での動作確認ができるように、**AVD**（Android Virtual Device：Android仮想デバイス）と呼ばれる、エミュレーターが仮想的に実行するAndroid端末の環境を作成することができます。

本書では、Androidバージョン11のAVDを作成して、Androidアプリの実行、テストを行います。

AVDを作成してエミュレーターを操作しよう

AVDを作成して、言語の設定を日本語に変更します。

1 Android Studioの起動画面にある［その他のアクション］メニューから［AVD Manager］を選択する。

結果 AVDマネージャーが起動し、［Your Virtual Devices］画面が表示される。

2 [Create Virtual Device] ボタンをク
リックする。

結果▶ [Select Hardware] 画面が表示される。

3 左の [Category] で [Phone] を選択
し、表示された一覧から [Pixel 3a] を
選択して [次へ] ボタンをクリックする。

結果▶ [System Image] 画面が表示される。

4 システムイメージの一覧から、[API
Level] が [30] の行にある [Down
load] をクリックする。

結果▶ [Lisense Agreement] 画面が表示される。

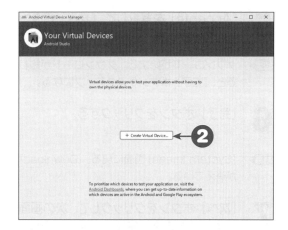

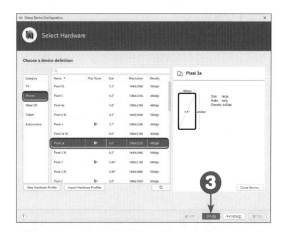

5 [Accepte] を選択して、[次へ] ボタンをクリックする。

結果▶ ダウンロードが始まる。ダウンロードが終わると、[完了] ボタンがアクティブになる。

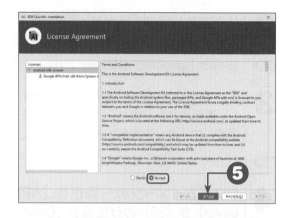

6 [完了] ボタンをクリックする。

結果▶ [System Image] 画面に戻る。[Download] が消えている。

7 [次へ] ボタンをクリックして、次の画面では、そのまま [完了] ボタンをクリックする。

結果▶ AVD が作成される。

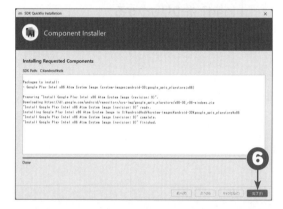

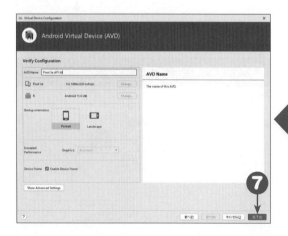

8 [Actions] 列の▶アイコンをクリックする。

> **結果** エミュレーターが起動し、少し待つとホーム画面が表示される。

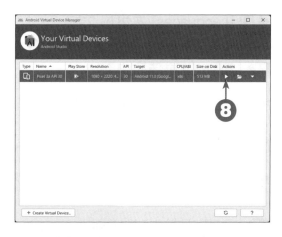

9 ホーム画面の下のほうをマウスでクリックし、マウスのボタンを押したまま上方向にドラッグする（スワイプ）。

> **結果** アプリ一覧が表示される。

10 [Settings] アイコンをダブルクリックする。

> **結果** 設定画面が表示される。

11 マウスでドラッグして画面をスクロールし、[System] をクリックする。

> **結果** システム設定画面が表示される。

12 [Languages & input] をクリックする。

> **結果** 言語設定画面が表示される。

13 [Languages] をクリックする。

結果 言語追加画面が表示される。

14 [Add a language] をクリックする。

結果 言語一覧が表示される。

15 マウスでドラッグして画面をスクロールし、[日本語] をクリックする。

結果 日本語（日本）が追加される。

16 [日本語（日本）] の右端にある四角いつまみをマウスでクリックして上方向にドラッグし、日本語を一番上に移動する。

結果 画面表示が日本語に変更される。

17 ホームボタンをクリックする。

結果 ホーム画面が表示される。

18 右側のメニューから ✕ [閉じる] ボタンをクリックする。

結果 エミュレーターが閉じる。

ヒント

タイムゾーン

ここで説明した手順でエミュレーターを日本語表示に設定すると、デフォルトでは標準時（GMT）に設定されているタイムゾーンが、日本標準時に変更されます。

エミュレーターの操作

実機であれば指でタッチするところを、エミュレーターではマウスでクリックすることになります。エミュレーターですので、基本的な動作は実機と同じになっています。エミュレーターの右側のメニューから、実機のボタン操作や回転操作を行うことができます。

⏻	電源ボタン
🔊	音量アップ
🔉	音量ダウン
◈	左に傾ける
◈	右に傾ける
📷	スクリーンショット
🔍	拡大
◁	戻る
○	ホーム
□	アプリ一覧
⋯	詳細設定

〜 もう一度確認しよう！〜　チェック項目

☐ 開発ツールのダウンロードとインストールはできましたか？

☐ Android Studioの基本設定はできましたか？

AVD（Android仮想デバイス）マネージャー

　AVDマネージャーを使えば、AVDの起動や停止、設定の変更、またあらかじめインストールされたものとは別に、新しいAVDを作成することもできます。AVDの設定画面では、AVDの名前や、画面のサイズ、Androidのバージョンなどを設定、変更することができます。

1 Android Studioの［ツール］メニューから［AVD Manager］を選択する。

結果 AVDマネージャーが表示される。

2 ［Actions］列の▼メニューから、［Edit］を選択する。

結果 AVDの設定画面が表示される。

AVDマネージャー

AVDの設定画面

第**3**章

Android Studioで アプリ作成を始めよう

この章からは実際に、Androidアプリの作成を始めま
しょう。まずは、アプリのプロジェクトを作成します。
プロジェクトを通してAndroid Studioの操作にな
れましょう。

この章で学ぶこと

　この章では、Androidアプリを作成するためのAndroid Studioの使い方を学びます。主な学習内容は、次のとおりです。

- ●新しい**Android**プロジェクトの作り方
- ●**Android Studio**からの**Android**アプリ実行
- ●**Android**プロジェクトの構造
- ●**Android**プロジェクトのファイル編集
- ●ソースコードの書き方

```kotlin
package jp.wings.nikkeibp.omikuji

import androidx.appcompat.app.AppCompatActivity
import android.os.Bundle
import jp.wings.nikkeibp.omikuji.databinding.MainBinding

class OmikujiActivity : AppCompatActivity() {
    override fun onCreate(savedInstanceState: Bundle?) {
        super.onCreate(savedInstanceState)
        val binding = MainBinding.inflate(layoutInflater)
        setContentView(binding.root)
        // 文字を表示する
        binding.helloView.text = "おみくじアプリ"
    }
}
```

Android Studioのソースコード編集画面

この章で作成するAndroidアプリ

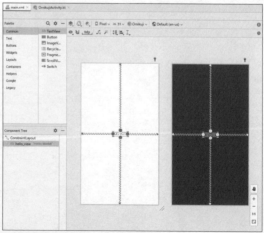

Android StudioのGUI編集画面

プロジェクトを作成してみよう

Androidアプリを新しく作るには、まずプロジェクトの作成が必要です。
ここでは、Androidプロジェクトを作成してみましょう。

Androidアプリのプロジェクトを作成しよう

本書で作成する「おみくじアプリ」のプロジェクトをAndroidプロジェクトとして作成します。

1 Windowsの［スタート］メニュー（Windows 11の場合は、［スタート］メニューの［すべてのアプリ］）で［A]の見出しの下にある[Android Studio]を展開して[Android Studio]をクリックする。

結果▶ Android Studioが起動して[Android Studioへようこそ]画面が表示される。

2 ［New Project］をクリックする。

結果▶ [新規プロジェクト]画面が表示される。

 ヒント

Android Studio起動時に表示される画面

Android Studioでプロジェクトを作成し、プロジェクトを開いたままウィンドウ右上の閉じるボタンでAndroid Studioを終了すると、標準の設定では、次回の起動時に［Android Studioへようこそ］画面ではなく、最後に開いていたプロジェクトが読み込まれて表示されます。プロジェクトが開いている状態で［ファイル］メニューから［プロジェクトを閉じる］を選択すると、プロジェクトが閉じて［Android Studioへようこそ］画面が表示されます。この画面からプロジェクトを選択して開くこともできます。
なお、プロジェクトを開いている状態で［ファイル］メニューから［設定］を選択して［設定］ダイアログを開き、［外観＆振る舞い］―［システム設定］にある［起動時に前回のプロジェクトを開く］のチェックをはずすと、次回からはAndroid Studioの起動時に常に［Android Studioへようこそ］画面が表示されるようになります。

3
[Phone and Tablet] タブが選択されていることを確認して、[Empty Activity] をクリックして選択し、[次へ] ボタンをクリックする。

結果▶ プロジェクトの設定画面が表示される。

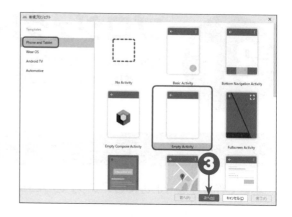

4
[Name] 欄に、すでに入力されている文字を削除して**Omikuji**と入力する（すべて半角文字で、大文字と小文字もこのとおりに入力する）。

結果▶ [Package name] 欄と [Save location] 欄に入力済みの文字に「omikuji」が追加される。

5
[Package name] 欄に、すでに入力されている文字を削除して**jp.wings. nikkeibp.omikuji**と入力する。

6
[Language] 欄の一覧から [Kotlin] を選択する。

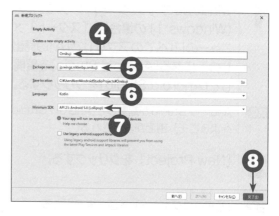

7
[Minimum API level] 欄の一覧から [API 21: Android 5.0 (Lollipop)] を選択する。

8
そのほかの設定はそのままにして [完了] ボタンをクリックする。

結果▶ プロジェクトが作成され、レイアウト画面 (activity_main.xml) と、ソースコード (MainActivity.kt) 画面が表示される。プロジェクトの作成中にファイアウォールの警告が表示されたときは、[アクセスを許可する] をクリックして続ける。

9 画面の下端に「Gradle sync finished」と表示されたら、Android Studioの左側のプロジェクトビューで、[app] の下の [java]−[jp.wings.nikkeibp.omikuji]−[MainActivity]をクリックして選択する。

10 [リファクタリング] メニューから [名前変更] を選択する。

> **結果** [名前の変更] 画面が表示される。

11 入力欄にすでに入力されている文字を削除して**OmikujiActivity**と入力し、そのほかの設定はそのままにして [リファクタリング] ボタンをクリックする。

> **結果** クラス名が「OmikujiActivity」に変わる。左側のプロジェクトビュー内の表示名が変わらなければ、[ビルド] メニューから [再コンパイル] を選択する。

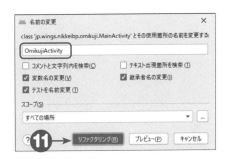

12 同様に、プロジェクトビューで [app] の下の [res] − [layout] − [activity_main.xml] をクリックして選択する。

13 [リファクタリング] メニューから [名前変更] を選択する。

> **結果** [名前の変更] 画面が表示される。

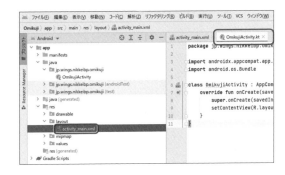

ヒント

プロジェクトの作成先

プロジェクトの作成先は、本書では初期設定のままですが、プロジェクトの設定画面（手順❹）の [Save location] 欄で指定できます。初期設定では、C:¥Users¥ユーザー名¥AndroidStudioProjects¥プロジェクト名（[Name] 欄で指定した名前）フォルダーに作成されます。
なお、ユーザー名に日本語など半角英数字以外の文字が含まれているとエラーになることがあります。その場合は、プロジェクトの作成先に、半角英数字だけが名前に含まれるフォルダーを指定するとよいでしょう。

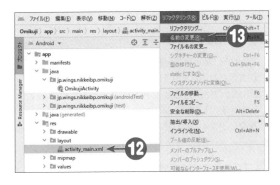

14 入力欄にすでに入力されている文字を削除して**main**と入力し、そのほかの設定はそのままにして［リファクタリング］ボタンをクリックする。

結果 ファイル名が「main.xml」に変わる。

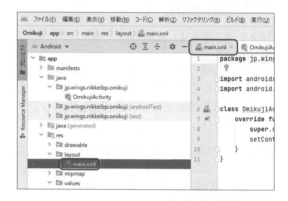

［今日のヒント］画面

Android Studioを起動すると［今日のヒント］画面が表示されることがあります。この画面は、Android Studioの使い方のヒントを紹介するものです。［ヒントを表示しない］にチェックして［閉じる］ボタンをクリックすると、表示されなくなります。

ヒント

余分なウィンドウは閉じてよい

プロジェクトの作成時に［Assistant］ウィンドウが表示されたときは［Hide］ボタンで閉じてかまいません。このほかにも本文であつかっていないウィンドウが開いたときは、同様に閉じてかまいません。

プロジェクトとは

Android Studioでは、アプリケーションを**プロジェクト**という単位で管理します。アプリケーションに関係するさまざまなファイルは、1つのプロジェクトとして保存されます。

たとえば、プログラムのソースコードを記述したファイルや、開発するアプリケーションに適した環境設定などが、**プロジェクトフォルダー**に保存されます。プロジェクトは、それぞれが1つのフォルダーになります。

Android Studioで作成したプロジェクトは、Android Studioの左側にある**プロジェクトビュー**に表示されます。プロジェクトビューは、プロジェクトに含まれるファイルや設定などを、階層構造で表示・管理するものです。

Android Studioの画面

プロジェクトビュー
プロジェクトに含まれるファイルや設定などを、階層構造で表示・管理する

エディターウィンドウ
ソースやXMLファイルを編集するエディター領域

ツールバー

ツールウィンドウバー（左側部分）

ツールウィンドウバー（下側部分）

ツールウィンドウバー（右側部分）

Androidプロジェクトを作成する

Android Studioでは、新規のプロジェクトやプログラムで必要なファイルは、設定画面に入力する、いわゆるウィザード形式で作成できるようになっています。対話式に、必要な項目を入力していくだけで、Androidアプリとして実行できる最低限のソースファイルやアイコン、フォルダーなどを自動で生成してくれます。

なお、初期状態では、Windowsのユーザーの個人用フォルダー（C:¥Users¥ユーザー名）の下に「AndroidStudioProjects」というフォルダーが作られ、そこにプロジェクトファイル一式が保存されます。

Activityを設定する

手順❸では、**Activity**（アクティビティ）と呼ばれる、主に画面を処理するための機能（クラス）のひな形を選択しています。本書で作成するアプリでは、メインの画面は1つの画面であり、複数の要素を切り替えるような画面ではありません。したがって、ここでは［Empty Activity］にしています。

手順❿以降では、作成するActivityクラスの名前と、画面のレイアウトを定義するファイルの名前を、それぞれ［OmikujiActivity］、［main］に変更しています。

クラスについては、第4章で改めて説明します。

アプリ、パッケージ、プロジェクトの名称を設定する

手順❹の［Configure your project］画面では、アプリの名前とパッケージ名、プロジェクトフォルダー名を設定します。

アプリの名前を指定する［Name］欄には、日本語を含む名前も可能ですが、ここでは「Omikuji」としています。ここで指定した名前を元に、パッケージ名やプロジェクトフォルダー名が作られます。

パッケージとはJavaのしくみのひとつで、複数のプログラムファイルを管理する、名前のついたフォルダーのことです。パッケージ名は通常、開発者が関係するインターネットのドメインを逆にしたものを含めるようにします。

なお、プロジェクトフォルダー名は自動で作成されますが、任意の名前に変更することが可能です。

Androidのバージョンを選択する

　手順❼の［Minimum SDK］は、作成するアプリがインストール可能なAndroidのバージョンを指定します。本書で作成するアプリは、バージョン5.0（APIレベル21）以上で動作します。

　API（エーピーアイ、Application Programming Interface）とは、おおざっぱにいえば、Android SDKに含まれるプログラムのパーツのことです。このパーツは、主にAndroidの機能を利用するためのもので、次に示すようにAndroidのバージョンごとにAPIレベルが決まっています。

Androidのバージョン	バージョンのコードネーム	APIレベル
2.0 〜 2.1	Éclair	5 〜 7
2.2 〜 2.2.3	Froyo	8
2.3 〜 2.3.7	Gingerbread	9 〜 10
3.0 〜 3.2.6	Honeycomb	11 〜 13
4.0 〜 4.0.4	IceCreamSandwich	14 〜 15
4.1 〜 4.3.1	Jelly Bean	16 〜 18
4.4 〜 4.4.4	KitKat	19 〜 20
5.0 〜 5.1.1	Lollipop	21 〜 22
6.0 〜 6.0.1	Marshmallow	23
7.0 〜 7.1.1	Nougat	24 〜 25
8.0 〜 8.1	Oreo	26 〜 27
9	Pie	28
10	Q	29
11	R	30
12	S	31

3.2 プロジェクトを確認して アプリを実行しよう

プロジェクトの骨組みが作成できましたので、ここでは、まず Android プロジェクトの構造や構成要素を学びます。そして、アプリを Android Studio から実行してみましょう。

プロジェクトに含まれるものを見てみよう

新規に Android プロジェクトを作成すると、さまざまなファイルやフォルダーが作成されます。ここでは、プロジェクトにどんなものが含まれているのか確認しておきましょう。

1 Android Studioの左側のプロジェクトビューで、[app] の下の [java] をダブルクリックする（または、[java] の左横にある▶をクリックして展開する）。

結果▶ javaフォルダーに含まれるパッケージ（jp.wings.nikkeibp.omikuji）が表示される。

2 [jp.wings.nikkeibp.omikuji] の左横にある▶をクリックする。

結果▶ パッケージに含まれる.ktファイル（OmikujiActivity.kt、拡張子は画面に表示されない）が表示される。

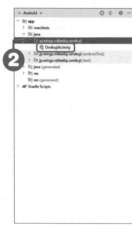

3 同様に [res] の下の [values] と、[manifests] の左横にある▶を、それぞれクリックする。

結果▶ [string.xml]、[AndroidManifest.xml] がそれぞれ表示される。

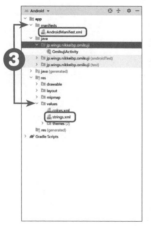

プロジェクトのフォルダー構成

プロジェクトには、プログラムファイルはもちろん、画面に表示する画像ファイルや、各種の設定ファイルも含まれます。またファイルのなかには、自動的に更新されるファイルや、決まった場所に保存しなければならないファイルもあります。

手順❶で表示されるファイルやフォルダーは、プロジェクトの作成時に自動で作成されたものです。主なファイルやフォルダーは、次のようになっています。

(1) javaフォルダー

javaフォルダーには、Kotlinのソースコードを記述したファイル（**ソースファイル**と呼びます）が保存されます。Androidアプリを動作させるためには、スマートフォンやタブレットのCPUに対して、いろいろな命令を書く必要があります。このような命令を記述したものを、**プログラム**または**コード**と呼びます。

この段階では、OmikujiActivity.ktというソースファイルが自動的に作成されています。ファイルの内容は、「OmikujiActivity」という名前の**クラス**を定義したものです。このようにKotlinのプログラムは、ソースファイル名と同じ名前の、クラスというものを記述するのが基本です。

なお、開発時のテスト用ソースファイル（プロジェクトビューで「androidTest」、「test」と表示されているファイル）も自動で作成されますが、本書では使用しません。アプリの実際の動作には必要のないファイルです。

(2) resフォルダー

resフォルダーには、画像やアイコンといった、Androidアプリであつかう**リソース**を格納します。resフォルダーのなかでさらに、リソースの種類ごとにフォルダーが分かれています。

(3) manifestsフォルダー

manifestsフォルダーにあるAndroidManifest.xmlは、Androidアプリのあらゆる設定を記述する、**XML形式**のファイルで、**マニフェストファイル**と呼ばれます。Androidアプリには必須のファイルで、Android Studioによって作成されますが、ユーザーも編集することができます。

用語

XML (Extensible Markup Language)

XML（エックスエムエル）とは、文書やデータの構造をテキストで記述するためのマークアップ言語のひとつです。マークアップ言語とは、**タグ**と呼ばれる特定の文字列を用いて、情報の論理的な構造などを、地のテキストとともに記述するための言語です。XMLでは、ユーザーがタグを自由に定義することができます。

ヒント

実行ファイルのコンパイル

プロジェクトビューには、Kotlinのソースファイルしか表示されていませんが、Androidアプリの実行には、実際の環境で実行できる形に変換したファイルが必要です。Kotlinでは、ソースファイルのまま直接アプリとして動作させることはできないので、CPU用のコードファイル（Javaの環境では、これをClassファイルと呼びます）に変換する必要があります。この変換のことを、**コンパイル**と呼びます。なおAndroid Studioのデフォルトの設定では、コンパイルは自動で行われます。

java (generated) フォルダー

プロジェクト内には、java(generated)というフォルダーもあります。このフォルダーには、アプリのリソースのIDを管理するファイルなどが自動で作成されています。これらのファイルは、編集する必要はありません。

Androidアプリを実行しよう

先ほど作成したプロジェクトのAndroidアプリを実行します。

1 Android Studioの［実行］メニューから、［実行 'app'］を選択する（または、ツールバーの ▶［実行］ボタンをクリックする）。

結果 おみくじアプリがエミュレーター画面いっぱいに開き、「Hello world!」という文字が表示される。

ヒント

ツールバーからアプリを実行する

ツールバーの［実行］ボタンをクリックしてもアプリを実行できます。

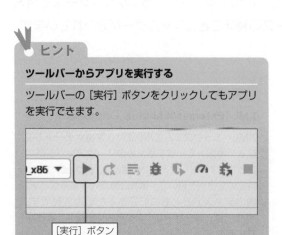

［実行］ボタン

Android StudioでAndroidアプリを実行するには

　プロジェクトに含まれるソースコードをすべてコンパイルして、アプリケーションとして実行できる状態にすることを**ビルド**と呼びます。Android Studioの標準設定では、このビルドが自動的に行われ、[実行] メニューから [実行 'app'] を選択するだけで、アプリケーションを起動することができます。Androidアプリの実行も、ビルドが自動的に行われるのでAndroid Studioの [実行]メニューから[実行 'app'] を選択するだけです。

　このようにAndroid Studioなら、かんたんにAndroidアプリを実行することができます。本来であれば、Androidアプリを実行するためには、プロジェクトのソースファイルをコンパイルし、リソースファイルなどといっしょにAndroid端末で実行できる形式（**APKファイル**と呼びます）に変換し、それをエミュレーターにインストールする作業が必要なのです。

　手順❶では、まずAndroid Studioの [実行] メニューから [実行 'app'] を選択しています。ここではまだAndroid実機を接続していませんので、第2章で説明したAndroidエミュレーターの環境で実行されます。

Androidのバージョン別シェア

Googleでは、Androidのバージョンごとのシェア率を定期的に公開しています。以前は、Android Developersサイトの配信ダッシュボード（https://developer.android.com/about/dashboards/）で表示されていたのですが、公開方法が変更になっています。シェア率を確認するには、Android Studioで新規プロジェクトを作成し、最初のウィザード画面（第3章P38の手順❼の画面）で [Help me choose] をクリックします。すると、次のような画面が表示されます。

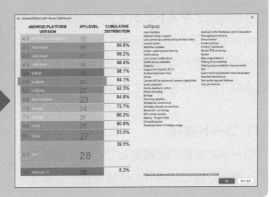

3.3 ファイルを操作してみよう

Androidアプリを作成するには、ソースファイルにコードを追加する必要があります。ここでは、そのソースファイルをはじめとする、プロジェクトに含まれるファイルを、Android Studioを使って編集する方法を学びます。

ファイルの内容を表示してみよう

まず、Androidアプリのいちばんの元になる、ソースファイルを表示してみましょう。

1 Android Studioの左側のプロジェクトビューで、[app]−[java]−[jp.wings.nikkeibp.omikuji] −[OmikujiActivity] をダブルクリックする。

結果 OmikujiActivity.kt ファイルの内容が表示される。

テキストエディターとは

プロジェクトのなかに含まれているフォルダーやファイルを確認するには、プロジェクトビューに表示されたファイル名をダブルクリックします。すると、そのファイルに関連づけられた専用の**エディター**が起動し、編集することができます。

Androidアプリのプログラムファイルは、拡張子が.ktのファイルです。このファイルは通常のテキストファイルですので、ファイルをダブルクリックすると、プログラムコードを編集するための**テキストエディター**が起動します。

Android Studioのテキストエディターは、単にテキストを編集するだけでなく、開発の効率が上がる便利な機能がたくさん用意されています。たとえば、次のような機能があります。後述の「コードを書いてみよう」では、これらの機能を実際に使いながら学習します。

（1）コード補完

コードを自動的に補完してくれる機能です。すべてを書かなくても、自動的、または明示的に、あとに続くコードの候補を表示します。

048　第3章 Android Studioでアプリ作成を始めよう

(2) クイックフィックス

　Android Studioのコード修正機能です。コードにエラーが含まれる場合、該当のコードの下や、ドキュメントタブのファイル名の下に赤い波線が引かれます。またAndroid Studioがエラーの内容を判断し、修正方法の候補を一覧で表示してくれます。ただし、どの修正方法が望ましいのかは、自分で選ぶ必要があります。

(3) 構文の色分け表示

　OmikujiActivity.ktファイルの表示からわかるように、コードは色分けされて表示されます。これは、Android StudioがJavaのコードを解析して、**構文**に応じて色をつけて表示する機能です。標準では、次のような色の設定になっています。各構文の意味は、次の章で学習します。

構文	テキストの設定		構文	テキストの設定
classなどの予約語	紺		数値	青
コメント	灰色（イタリック）		文字列	緑

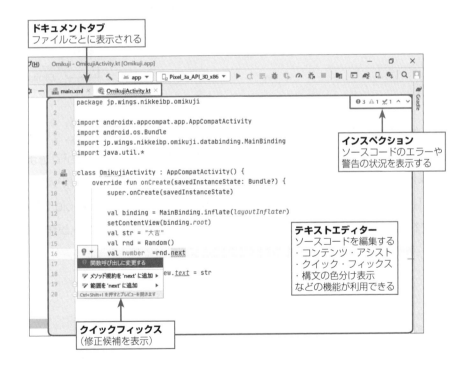

ドキュメントタブ
ファイルごとに表示される

インスペクション
ソースコードのエラーや
警告の状況を表示する

テキストエディター
ソースコードを編集する
・コンテンツ・アシスト
・クイック・フィックス
・構文の色分け表示
などの機能が利用できる

クイックフィックス
（修正候補を表示）

パッケージとは

パッケージとは、プロジェクトの作成時に少し説明したとおり、複数のソースファイルをフォルダーごとに分けて管理する、JavaやKotlinのしくみのことです。通常、関連するプログラムを1つのパッケージにまとめるようにします。

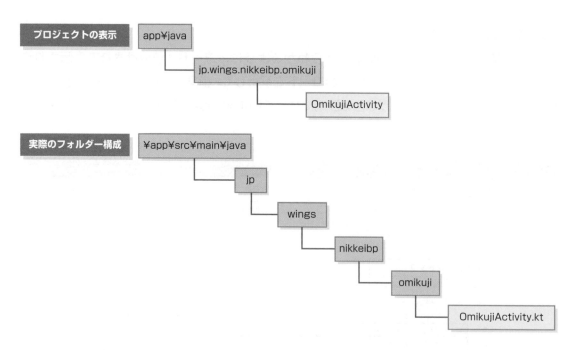

プロジェクトの表示

app¥java
jp.wings.nikkeibp.omikuji
OmikujiActivity

実際のフォルダー構成

¥app¥src¥main¥java
jp
wings
nikkeibp
omikuji
OmikujiActivity.kt

　なお、パッケージ名に含まれる半角のドット（.）は、単なる記号ではなく、パッケージの階層を区切る記号です。フォルダー同様にパッケージも階層的に管理することができます。つまり、「jp.wings.nikkeibp.omikuji」とは、「jp」パッケージのなかに「wings」パッケージ、さらに「nikkeibp」、「omikuji」パッケージがあるという構造を示しています。Android Studioでは1階層しか表示されないのですが、実際のファイルでは、それぞれのフォルダーが作られています。

ヒント

パッケージの名前

本書で作成するようなシンプルなAndroidアプリではなく、もっと大規模なアプリケーションや、プログラムのコード自体を公開して配布するような場合においては、パッケージの名前は自由につけていいものではありません。パッケージに含まれるクラスなどの名称が重複することもあり得るため、パッケージ名は、ほかのパッケージと重複しないようにしておきます。一般的には、開発者に関係する名前を、パッケージ名に使用します。

GUIでファイルを編集してみよう

　Androidアプリの作成では、XML形式のファイルを編集する必要があります。Android Studioでは、XML形式のファイルをGUIで編集することができます。

1 Android Studioのエディター領域で [main.xml] タブをクリックする（または、プロジェクトビューで [main.xml] をダブルクリックする）。

結果▶ デザインビューの表示に切り替わり、main.xmlのレイアウト画面が表示される。

2 デザイン領域に表示された左側の（背景色が明るいほうの）Android端末の画面で、「Hello world!」と書かれた文字をクリックする。

結果▶ 文字のパーツが選択される。

3 右ペインで [Attributes] ウィンドウが隠れているときは、右側のツールウィンドウにある [Attributes] ボタンをクリックして表示する。

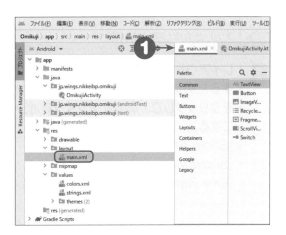

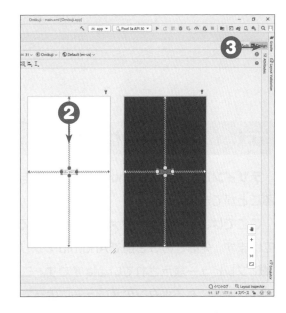

ファイルの保存は不要

Android Studioでは、編集したファイルは自動的に保存されます。そのため、明示的に保存という操作を行う必要はありません。
なお、自動保存を解除することはできませんが、編集したことを示すマークを表示する設定は可能です。プロジェクトを開いている状態で設定を変更するには、[ファイル]メニューから[設定]を選択して[設定]ダイアログを開き、[エディター]－[一般]－[エディタータブ]にある[変更したタブをアスタリスク(*)でマークする]にチェックを入れると、編集したことを示すアスタリスク（*）が表示されるようになります。

4 ［Attributes］ウィンドウで ［id］ の右側
の入力欄をクリックする。

結果 編集可能モードになる。

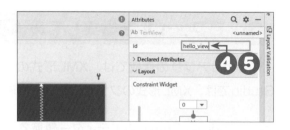

5 入力欄に**hello_view**と入力して⏎Enter
キーを押す。

結果 入力した文字が確定される。

6 レイアウト編集画面のオプションを変更
するために、［View Options］ ボタン
をクリックして、次のオプションをオン
にする。
［Show All Constraints］
［Show Margins］
［Live Rendering］

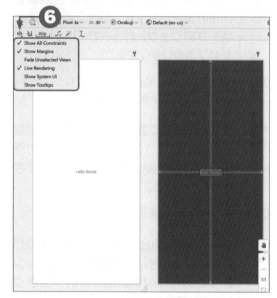

デザインビューとは

　デザインビューでは、Androidアプリの作成に必要なレイアウトファイルを、**GUI**で編集す
ることができます。

　ここでは、**レイアウトファイル**と呼ばれる、画面を設定するためのXMLファイルを編集し
ています。先ほどの3.2節でAndroidアプリを実行したときと同じ画面が、中央のデザイン領
域にプレビュー表示されているはずです。このプレビュー表示は、手順❻で行ったように、デ
ザイン領域にあるボタンのメニューによって、実行したいAndroid端末の設定に合うように変
更しておきます。**パレット**は、画面に表示できるパーツ（部品）を集めたものです。

　このように、見たままの状態で編集できるのがGUIの特徴です。なお、レイアウトファイル
は、GUI編集だけでなく、直接テキストを編集することも可能ですが、本書では、GUIを使っ
た編集のみを説明します。

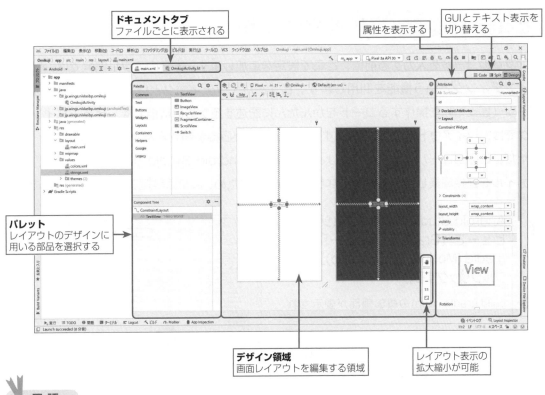

ドキュメントタブ
ファイルごとに表示される

属性を表示する

GUIとテキスト表示を切り替える

パレット
レイアウトのデザインに用いる部品を選択する

デザイン領域
画面レイアウトを編集する領域

レイアウト表示の拡大縮小が可能

> **用語**
>
> **GUI**
>
> Graphical User Interface（グラフィカルユーザーインターフェース）の略です。ユーザーに対する表示にアイコンや画像を活用し、キーボードではなくマウスなどの装置で操作する方式のことです。

ウィジェットにIDを設定する

手順❸では、「Hello World!」という文字を表示している、**ウィジェット**と呼ばれるパーツにIDを設定しています。ウィジェットとは、Androidの画面に配置して、テキストや画像を表示をしたり、ボタンなどを表示するためのパーツです。

あとで、このウィジェットに表示するテキストを変更するために、ID名を設定しています。このIDを使って、特定のウィジェットを指定します。

ビューバインディングの設定をする

アプリのコードを入力する前に、ここで設定を追加します。本書のアプリ開発では、**ビューバインディング**という機能を利用します。ビューバインディングとは、ウィジェットなどのパーツ（ビュー）を操作するコードをかんたんに記述するための機能です。ビューバインディングでは、レイアウト内のIDを持つすべてのビューが直接参照できるようになります。

ただ、このビューバインディングは、執筆時点のAndroid Studioのバージョンでは、設定ファイルを直接編集しないと有効になりません。そのため、まずは設定ファイルを編集します。

1 Android Studioの左側のプロジェクトビューで、[Grade Scripts]－[build.gradle (Module.Omikuji.app)] をダブルクリックする。

結果▶ build.gradle (:app)の編集画面が表示される。

2 「compileSdk 31」と書かれた行の最後でEnterキーを押して改行する。

3 次のように、**buildFeatures {**と入力する（色文字部分）。

```
compileSdk 31
buildFeatures {
```

結果▶ 「buildFeatures {}」と変換される。

4 「{}」のなかでEnterキーを押して改行を入力する。

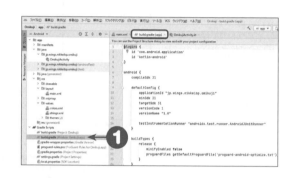

5 次のコードを入力し（色文字部分）、表示された候補のなかから、[true] の行を選択して Enter キーを押す。

```
compileSdk 31
buildFeatures {
    viewBinding t
}
```

結果 「viewBinding true」に変換される。

6 画面右上の [Sync Now] をクリックする。

結果 画面左下に「Gradle sync finished」と表示されて設定が反映される。

コードを書いてみよう

では今度は、「Hello world!」という表示を変更するコードを書いてみましょう。コードの意味はまだわからないと思いますが、ここではソースコードを整理しながら、コード補完やクイックフィックスの機能がどういうものなのかを体感してください。

1 Android Studioのエディター領域で [OmikujiActivity.kt] タブをクリックする（または、プロジェクトビューで [app]－[java]－[jp.wings.nikkeibp.omikuji] にある [OmikujiActivity] をダブルクリックする）。

結果 OmikujiActivity.ktの内容が表示される。

2

8行目の「super.onCreate(savedInstanceState)」のあとで Enter キーを押して改
行し、次のコードを追加する（色文字部分）。

```
super.onCreate(savedInstanceState)
val binding = main
```

結果 コード補完の候補一覧が表示される。

```
main.xml ×    build.gradle (:app) ×    OmikujiActivity.kt ×
1     package jp.wings.nikkeibp.omikuji
2
3     import androidx.appcompat.app.AppCompatActivity
4     import android.os.Bundle
5
6     class OmikujiActivity : AppCompatActivity() {
7         override fun onCreate(savedInstanceState: Bundle?) {
8             super.onCreate(savedInstanceState)       2
9
10            setContentView(R.layout.main)
11        }
12    }
```

3

表示された候補から、[MainBinding]
の行を選択して Enter キーを押す。

結果 「MainBinding」というコードに変換され、5
行目に、「import jp.wings.nikkeibp.omikuji.
databinding.MainBinding」という行が追加
される。

```
main.xml ×   build.gradle (:app) ×   build.gradle (Omikuji) ×   OmikujiActivity.kt ×
1     package jp.wings.nikkeibp.omikuji
2
3     import androidx.appcompat.app.AppCompatActivity
4     import android.os.Bundle
5
6     class OmikujiActivity : AppCompatActivity() {
7         override fun onCreate(savedInstanceState: Bundle?) {
8             super.onCreate(savedInstanceState)
9             val binding = main
10            setConten  W mainExecutor (getMainExecutor … から)         Executor!
11        }              W mainLooper (getMainLooper … から)              Looper!
12    }                  W maxNumPictureInPictureActions (getMaxNumPictureInPict…  Int
            3          © MainBinding (jp.wings.nikkeibp.omikuji.databinding)
                       © MainThread (androidx.annotation)
                       © MalformedInputException (java.nio.charset)
                       © MatchInfo (android.app.appsearch.SearchResult)
                       f flatMapIndexed (transform: (Int, T) -> Iterable…  Sequence<R>
                       f flatMapIndexed (transform: (Int, T) -> Sequence…  Sequence<R>
                       f flatMapIndexed { index, T -> ... } (transform…  Sequence<R>
                       f flatMapIndexed { index, T -> ... } (transform…  Sequence<R>
```

```
main.xml ×   build.gradle (:app) ×   build.gradle (Omikuji) ×   OmikujiActivity.kt ×
1     package jp.wings.nikkeibp.omikuji
2
3     import androidx.appcompat.app.AppCompatActivity       追加された
4     import android.os.Bundle
5     import jp.wings.nikkeibp.omikuji.databinding.MainBinding
6
7     class OmikujiActivity : AppCompatActivity() {
8         override fun onCreate(savedInstanceState: Bundle?) {
9             super.onCreate(savedInstanceState)
10            val binding = MainBinding
11            setContentView(R.layout.main)
12        }
13    }
```

4 「MainBinding」に続けて、半角のドット
（.）を入力する。

結果▶ コード補完の候補一覧が表示される。

5 表示された候補から、[inflate(inflater:
LayoutInflater)] を選択する。

結果▶ 「inflate()」というコードに変換される。

6 続けて「inflate()」の()のなかで、**lay**
と入力する

結果▶ コード補完の候補一覧が表示される。

7 表示された候補から、[layoutInflater]
を選択する。

結果▶ 「inflate(layoutInflater)」というコードに変
換される。

8 11行目の「setContentView(R.layout.
main)」の()のなかの「R.layout.main」
を削除する。

9 続けて、()のなかに**binding.**と入力する（色文字部分）。

```
val binding = MainBinding.inflate(layoutInflater)
setContentView(binding.)
```

結果 コード補完の候補一覧が表示される。

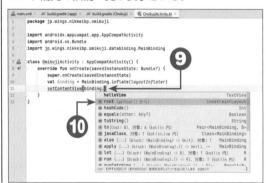

10 表示された候補から、[root] を選択する。

結果 「binding.root」というコードに変換される。

```
package jp.wings.nikkeibp.omikuji

import androidx.appcompat.app.AppCompatActivity
import android.os.Bundle
import jp.wings.nikkeibp.omikuji.databinding.MainBinding

class OmikujiActivity : AppCompatActivity() {
    override fun onCreate(savedInstanceState: Bundle?) {
        super.onCreate(savedInstanceState)
        val binding = MainBinding.inflate(layoutInflater)
        setContentView(binding.root)
    }
}
```

変換された

11 11行目のsetContentView(binding.root)のあとで Enter キーを押して改行し、次のコードを追加する（色文字部分）。「//」は半角のスラッシュ (/) を2つ続けて入力する。そのあとに続けて半角のスペースを1つ入力したあとは、日本語で入力して、改行する。

```
setContentView(binding.root)
// 文字を表示する

}
```

結果 追加した文字が灰色で表示される。

```
package jp.wings.nikkeibp.omikuji

import androidx.appcompat.app.AppCompatActivity
import android.os.Bundle
import jp.wings.nikkeibp.omikuji.databinding.MainBinding

class OmikujiActivity : AppCompatActivity() {
    override fun onCreate(savedInstanceState: Bundle?) {
        super.onCreate(savedInstanceState)
        val binding = MainBinding.inflate(layoutInflater)
        setContentView(binding.root)
        // 文字を表示する

    }
}
```

12 次のコードを半角英字で追加して（色文字部分）、表示された候補の一覧から「helloView」の行を選択する。

```
        // 文字を表示する
        binding.
    }
```

結果 「binding.helloView」というコードに変換される。

13 「binding.helloView」に続けて、半角のドット（.）を入力する。

結果 コード補完の候補が一覧表示される。

14 表示された候補から、[text(getText()/setText()から)]の行をダブルクリックする。

結果 「binding.helloView.text」と入力される。

15 「binding.helloView.text」に続けて、次のコードを半角英字で入力する（色文字部分）。

```
    binding.helloView.text = "
```

結果 もう1つダブルクォーテーションが入力される（色文字部分）。

```
        // 文字を表示する
        binding.helloView.text = ""
    }
```

```
package jp.wings.nikkeibp.omikuji

import androidx.appcompat.app.AppCompatActivity
import android.os.Bundle
import jp.wings.nikkeibp.omikuji.databinding.MainBinding

class OmikujiActivity : AppCompatActivity() {
    override fun onCreate(savedInstanceState: Bundle?) {
        super.onCreate(savedInstanceState)
        val binding = MainBinding.inflate(layoutInflater)
        setContentView(binding.root)
        // 文字を表示する
        binding.
    }
}
```

```
helloView                              TextView
root  (getRoot() から)            ConstraintLayout
equals(other: Any?)                    Boolean
hashCode()                                 Int
toString()                              String
to(that: B) A のために kotlin の中   Pair<MainBinding, B>
javaClass T のために kotlin.jvm の中  Class<MainBinding>
also {...} (block: (MainBinding) -> Unit) T のために  MainBinding
apply {...} (block: (MainBinding).() -> Unit) T の…  MainBinding
let {...} (block: (MainBinding) -> R) T のために kotlin の中    R
run {...} (block: (MainBinding) -> R) T のために kotlin の中    R
```

```
package jp.wings.nikkeibp.omikuji

import androidx.appcompat.app.AppCompatActivity
import android.os.Bundle
import jp.wings.nikkeibp.omikuji.databinding.MainBinding

class OmikujiActivity : AppCompatActivity() {
    override fun onCreate(savedInstanceState: Bundle?) {
        super.onCreate(savedInstanceState)
        val binding = MainBinding.inflate(layoutInflater)
        setContentView(binding.root)
        // 文字を表示する
        binding.helloView.t
    }
```

```
text (getText()/setText() から)            CharSequence!
textClassifier (getTextClassifier() から)   TextClassifier
textColors (getTextColors() から)            ColorStateList!
textCursorDrawable (getTextCursorDrawable()/setText…  Drawable?
textDirectionHeuristic (getTextDirectio…  TextDirectionHeuristic
textDirection (getTextDirection()/setTextDirection() から)  Int
textLocale (getTextLocale()/setTextLocale() から)      Locale
textLocales (getTextLocales()/setTextLocales() から)   LocaleList
```

```
package jp.wings.nikkeibp.omikuji

import androidx.appcompat.app.AppCompatActivity
import android.os.Bundle
import jp.wings.nikkeibp.omikuji.databinding.MainBinding

class OmikujiActivity : AppCompatActivity() {
    override fun onCreate(savedInstanceState: Bundle?) {
        super.onCreate(savedInstanceState)
        val binding = MainBinding.inflate(layoutInflater)
        setContentView(binding.root)
        // 文字を表示する
        binding.helloView.text
    }
}
```
入力された

```
package jp.wings.nikkeibp.omikuji

import androidx.appcompat.app.AppCompatActivity
import android.os.Bundle
import jp.wings.nikkeibp.omikuji.databinding.MainBinding

class OmikujiActivity : AppCompatActivity() {
    override fun onCreate(savedInstanceState: Bundle?) {
        super.onCreate(savedInstanceState)
        val binding = MainBinding.inflate(layoutInflater)
        setContentView(binding.root)
        // 文字を表示する
        binding.helloView.text =
    }
}
```

16 2つのダブルクォーテーション（""）のなかに、次の文字を日本語で入力する（色文字部分）。

```
        // 文字を表示する
        binding.helloView.text  = "おみくじアプリ"


    }
```

```
main.xml    OmikujiActivity.kt    build.gradle (:app)
 1   package jp.wings.nikkeibp.omikuji
 2
 3   import androidx.appcompat.app.AppCompatActivity
 4   import android.os.Bundle
 5   import jp.wings.nikkeibp.omikuji.databinding.MainBinding
 6
 7   class OmikujiActivity : AppCompatActivity() {
 8       override fun onCreate(savedInstanceState: Bundle?) {
 9           super.onCreate(savedInstanceState)
10           val binding = MainBinding.inflate(layoutInflater)
11           setContentView(binding.root)
12           // 文字を表示する
13           binding.helloView.text = "おみくじアプリ"    ← 16
14       }
15   }
```

17 Android Studioの［実行］メニューから、［'app'の停止］を選択してアプリを停止し、次に［実行 'app'］を選択する（またはツールバーの ■［停止］を選択してアプリを停止し、次に ▶［実行］ボタンをクリックする）。

結果▶ おみくじアプリが実行されて、「おみくじアプリ」と表示される。

import文

手順❸では、「import」（インポート）で始まる行が自動的に追加されます。import文とは、コードで利用するクラスというものが、どこのパッケージに含まれるものなのかを指定するものです。詳しくは、第4章で説明します。

binding.helloView.textとは

.textは、binding.helloViewで指定したウィジェットに、テキストを設定する命令文です。ビューバインディング機能を使うことで、IDを利用した、わかりやすいコードが書けるようになっています。詳しくは、第4章以降で説明します。

コードを書くときのルール

プログラムのコードの部分は、すべて半角文字で入力します。アルファベットの大文字と小文字も区別されるため、間違えないように入力しましょう。記号や英数字は半角で、空白も半角のスペースを入力します。

また、Kotlinでは、単語の途中以外の適当な位置で改行や[Tab]キーを使い、コードをインデント（字下げ）して記述できるようになっています。一般的には、**ブロック**内をインデントするようにします。ブロックとは、「{」記号から始まり、「}」記号で終わる一連のコードのことです。

手順❷では、**コメント**（comment）行を入力しています。コメントは、コードに対する補足やメモを書いておくものです。「//」から始まる行、または「/*」と「*/」で囲まれる複数行がコメントになります。ほかのコードとは別の色で表示されます。

手順❸以降で入力しているのが実際のコードです。コード自体は、画面に「おみくじアプリ」という文字を表示させるだけのものです。コードの意味については、これからの章で説明しますので、まずは、コード補完やクイックフィックスを活用したAndroid Studioでのコード編集になれておきましょう。

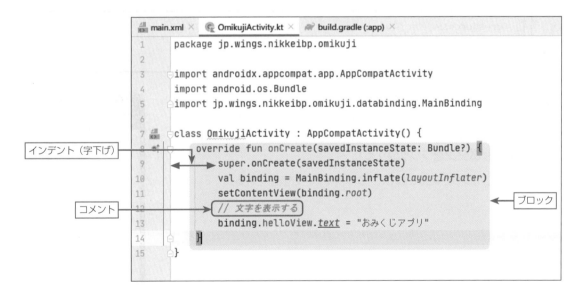

XMLファイルを編集してみよう

Android Studioでは、すべてのXML形式のファイルをGUIで編集できるわけではありません。いくつかのXMLファイルは、GUIではなく、テキストとして直接編集する必要があります。

1 Android Studioのプロジェクトビューで、[app] － [res] － [values] － [strings.xml] をダブルクリックする。

結果 strings.xmlの内容が表示される。

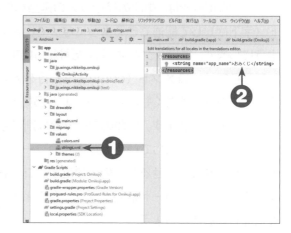

2 <string>要素のname属性のapp_nameの値である「Omikuji」を削除し、**おみくじ**と入力する。

結果 strings.xmlの内容が次のようになる（色文字部分）。

```
<resources>
    <string name="app_name">おみくじ</string>
</resources>
```

3 Android Studioの [実行] メニューから、['app'の停止] を選択してアプリを停止し、次に [実行 'app'] を選択する（または、ツールバーの ■ [停止] を選択してアプリを停止し、次に ▶ [実行] ボタンをクリックする）。

結果 おみくじアプリが実行されて、アクションバーが表示される。

XMLファイルの名称

resフォルダー配下には、複数のXMLファイルがありますが、じつはそのファイル名にはルールがなく、任意で変更可能です。アプリのビルド時に、resフォルダー内のXMLファイルすべてが読み込まれます。

strings.xmlとは

strings.xmlは、**文字列リソース**と呼ばれるXML形式のファイルで、アプリで使うさまざまな文言（文字列）を決めているファイルです。

手順❷では、<string>要素にあるname属性の値を編集し、アプリのタイトル（app_name）として使われる文字列を日本語に変更しています。**要素**とは、開始タグ（<名称>）から、終了タグ（</名称>）までの部分を指します。また**属性**は、要素に対して付加的な情報を加える場合に用います。なお、文字列リソースについては、第5章で詳しく学習します。

アプリの再実行

本書では、ソースを変更してアプリを再度実行する場合、アプリをいったん停止してから、再度実行する手順としています。ただし、アプリの停止は自動で行うこともできます。アプリが起動している状態で、[実行] メニューから [実行 'app']を選択、またはツールバーの [実行] ボタンをクリックすると、右上のようなダイアログが表示されます。
ここで、[今後この質問を表示しない] にチェックを入れて[終了] ボタンをクリックします。すると今後は、アプリの実行を選択するだけで、いったん終了後に再度実行されます。
なお、アプリがすでに実行されていると、ツールバーやメニュー内に表示される [実行] アイコンの画像が右下のように変わります。

～ もう一度確認しよう！～　チェック項目

☐ プロジェクトの作成方法はわかりましたか？

☐ Android StudioからAndroidアプリを実行する方法は理解できましたか？

☐ パッケージについて理解できましたか？

☐ エディターの使い方はわかりましたか？

☐ GUIのファイル操作は理解しましたか？

☐ ファイルの保存方法はわかりましたか？

☐ コード補完やクイックフィックスの使い方は理解しましたか？

本書で使用したバージョンのAndroid Studioをダウンロードするには

本書では、執筆時点のAndroid Studioの最新バージョンである「Arctic Fox 2020.3.1」を使用します。本書の発行後にAndroid Studioがバージョンアップされた場合は、次の手順で、本書で使用したバージョンをダウンロードできます。

1 第2章P14の手順❷の画面で、[Download Android Studio] ボタンの下に表示されているバージョン番号を確認する。「2020.3.1 for Windows 64-bit」と表示されていれば、[Download Android Studio] ボタンをクリックして第2章P14の手順❸に進む。異なるバージョン番号が表示されている場合は、次の手順に進む。

2 [Download Android Studio] ボタンの左下にある [Download options] ボタンをクリックする。

3 [Android Studio downloads] ページが表示されたら、「More downloads 〜」で始まる文の [download archives] リンクをクリックする。

4 [Android Studioのダウンロードアーカイブ] ページの利用規約が表示されたら、画面を下にスクロールして [ライセンス契約に同意する] をクリックする。

5 [Android Studioのダウンロードアーカイブ] ページに以前のバージョンの一覧が表示されたら、「Android Studio Arctic Fox (2020.3.1)」の先頭の▼をクリックして展開する。「ベータ版」や「Canary」などと表示されていない、安定版を選択することに注意。

6 インストーラーの一覧が表示されたら、Windows（64ビット）の.exeファイルのリンクをクリックしてダウンロードする。

7 以降の操作は、第2章P15の手順❹から進める。

アプリでKotlinの基本を学ぼう

ここからは、実際のAndroidアプリのコードを書いていきます。ただし、Androidアプリを作成するには、Kotlinについての知識も必要です。ここでは、まずはKotlinの基本から学ぶことにしましょう。

この章で学ぶこと

　この章では、おみくじの数によって、吉や凶を判定するコードを追加します。その
コードを追加しながら、Kotlinの文法の基本を学びます。

　この章では、次のような内容を学習します。

- ●変数
- ●クラスとインスタンス
- ●演算子
- ●乱数クラスの利用
- ●if文、when文
- ●配列
- ●クラスの定義

```
main.xml    OmikujiActivity.kt ×

1    package jp.wings.nikkeibp.omikuji
2
3    import androidx.appcompat.app.AppCompatActivity
4    import android.os.Bundle
5    import jp.wings.nikkeibp.omikuji.databinding.MainBinding
6    import java.util.*
7
8    class OmikujiActivity : AppCompatActivity() {
9        override fun onCreate(savedInstanceState: Bundle?) {
10           super.onCreate(savedInstanceState)
11           val binding = MainBinding.inflate(layoutInflater)
12           setContentView(binding.root)
13           // 文字を表示する
14           val str = "大吉"
15           val rnd = Random()
16           val number = rnd.nextInt(3)
17           binding.helloView.text = "$str 乱数 ${number + 1}"
18       }
19   }
```

OmikujiActivity.kt にコードを追加する

```
main.xml    OmikujiActivity.kt ×    OmikujiBox.kt ×

1    package jp.wings.nikkeibp.omikuji
2
3    class OmikujiBox() {
4        val number : Int = -1 // くじ番号
5    }
6
```

かんたんなクラスを作成する

エミュレーターで実行してコードを確認する

変数を使ってみよう

前の章で作成した、おみくじアプリのプロジェクトにプログラムコードを追加して、変数を使って文字を表示してみましょう。

変数を使って文字を表示してみよう

「おみくじアプリ」という文字そのものを指定するのではなく、変数を使って文字を表示してみましょう。

1 Android Studioのテキストエディターで、OmikujiActivity.ktのコードを次のように変更する（色文字部分を追加・変更）。

```
override fun onCreate(savedInstanceState: Bundle?) {
    super.onCreate(savedInstanceState)
    val binding = MainBinding.inflate(layoutInflater)
    setContentView(binding.root)
    // 文字を表示する
    val str = "大吉"
    binding.helloView.text = str
}
```

2 アプリが実行されていれば、いったんツールバーの ■［停止］を選択してアプリを停止し、次に ▶［実行］ボタンをクリックする。

結果 おみくじアプリが実行されて「大吉」と表示される。

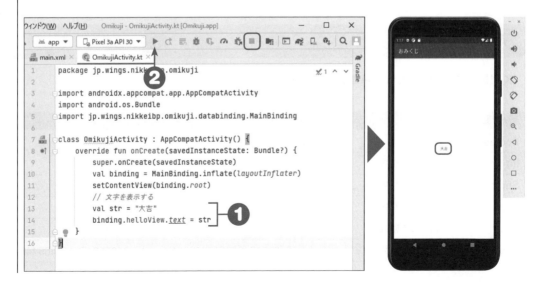

変数とは

　アプリでは、数値やテキスト、日時などといった、あらゆるデータを使用します。こうしたデータを利用するには、コンピュータの**メモリ**上に記録しておく必要があります。このようなデータの置き場のことを、**変数**と呼びます。

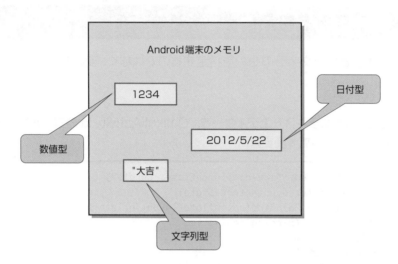

　変数は、すべてが同じ種類というわけではありません。整数や小数であったり、テキストであったりします。このデータの種類のことを、**型**または**データ型**と呼びます。たとえば、整数の値は、**Int型**というデータ型、文字列のデータであれば、**String型**というデータ型であつかいます。

データ型

　Kotlinでは、次のような基本のデータ型があります。

データ型	内容	範囲
Boolean	真偽型	trueまたはfalse
Int	符号つき整数	-2147483648 ～ 2147483647
Short	符号つき整数	-32768 ～ 32767
Byte	符号つき整数	-128 ～ 127
Long	符号つき整数	-9223372036854775808 ～ 9223372036854775807
Double	浮動小数点数	±1.79769313486231570E+308 ～ ±4.94065645841246544E-324

データ型	内容	範囲
Float	浮動小数点数	±3.40282347E+38 ～ ±1.40239846E-45
Char	Unicode規格の文字	¥u0000 ～ ¥uFFFF
String	文字列	Unicode規格の文字列

　データ型は、メモリ上に記憶する方法によって、**プリミティブ型**（primitive：原始的）と**参照型（クラス型）**に分類されます。ただしKotlinでは、基本的には、すべて参照型と同様のあつかいになっていて、内部的にプリミティブ型、クラス型に変換されます。

　プリミティブ型とは、たとえば「10」や「12.3」といった実際の値をメモリ上に直接格納するデータ型です。参照型は、主にクラスをあつかうためのデータ型で、クラス型とも呼ばれます。参照型の変数には、データそのものではなく、メモリ上に格納されたデータを示す場所（**アドレス**といいます）が記録されています。

変数の宣言と初期化

　Kotlinのプログラムでデータの置き場である変数を使うには、その場所を確保するために、あらかじめ指定しておく必要があります。このことを、**変数の宣言**と呼びます。変数の宣言では、変数の名前と、どのような種類のデータを使うのかを、次のように指定します。

構文　変数の宣言

```
val 変数名 : データ型
var 変数名 : データ型
```

　なお、**val**は、定数などのように変更不可とするときに用いるキーワードです。**var**は、通常の変数として宣言したい場合に用います。valとvarについては、あらためて説明します。

　手順❶で追加したコードは、変数の宣言だけでなく「=」記号がついています。また、データ型の指定もありません。

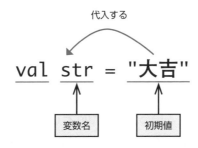

この「=」記号は、記号の左にある変数に、右の値を書き込むという意味です。このように変数に値を書き込むことを、**代入**や**格納**といいます。また、このコードのように、変数の宣言と同時に値を代入することができます。代入のうち、とくに変数の最初の代入のことを、変数の**初期化**と呼びます。変数は、初期化しないで使うことはできません。

構文 **変数の宣言時に初期化する**

```
val 変数名 = 初期値
var 変数名 = 初期値
```

Kotlinでは、データ型を指定しなくても、初期値のデータ型から自動で型を設定することができます。ただ、あえてデータ型を指定したい場合は、次のように書くこともできます。

構文 **変数の宣言時にデータ型を指定して初期化する**

```
val 変数名 : データ型 = 初期値
var 変数名 : データ型 = 初期値
```

したがって、手順❶で追加したコードは、「値を書き換えられない文字列型の変数strを、"大吉"という文字列で初期化する」という意味になります。

ヒント

変数と定数

変数の対となるものに、**定数**があります。定数は、変数とは反対に、値を変更できない領域です。

変数名のルール

Kotlinでは、ここでのコードの「str」のように、変数やクラスといったものを識別するために、名前をつける必要があります。このような名前のことを**識別子**と呼びます。識別子は、自由に決めることができますが、次のような基本的なルールがあります。

・大文字と小文字は区別される。
・半角英数字および半角アンダーバー（_）、ドル記号（$）のみ使用できる。
・先頭に数字は使用できない。
・「予約語」は使用できない。

予約語とは、「class」や「Int」といった、Kotlinとして何らかの意味を持つ、あらかじめ予約された単語です。予約語は、識別子として使用することはできません。

クラスを使ってみよう

ここからは、Kotlin でもっとも基本となる、クラスについて学びます。まずは、クラスというものを使ってみましょう。

乱数クラスを使ってみよう

Android SDKのクラスライブラリにある、**Random**というクラスを利用してみましょう。Randomは乱数を作るためのクラスです。

1 Android Studioのテキストエディターで、OmikujiActivity.ktの「var str = "大吉"」の行末で Enter キーを押して改行し、**val rnd = random**と入力する。「rnd」の前と後、および「random」の後に半角のスペースを1つ入力することに注意。

```
// 文字を表示する
val str = "大吉"
val rnd = random
binding.helloView.text = str
}
```

結果 クラスの候補が表示される。

2 表示された候補から [Random (java. util)] を選択してダブルクリックする（またはカーソルキーで選択して Enter キーを押す）。

結果 「random」が「Random」に変換され、「import java.util.*」という行が追加される。

```
main.xml ×    OmikujiActivity.kt ×
1    package jp.wings.nikkeibp.omikuji
2
3    import androidx.appcompat.app.AppCompatActivity
4    import android.os.Bundle
5    import jp.wings.nikkeibp.omikuji.databinding.MainBinding
6
7    class OmikujiActivity : AppCompatActivity() {
8        override fun onCreate(savedInstanceState: Bundle?) {
9            super.onCreate(savedInstanceState)
10           val binding = MainBinding.inflate(layoutInflater)
11           setContentView(binding.root)
12           // 文字を表示する
13           val str = "大吉"                       ①
14           val rnd = random
15           binding  f Random(seed: Int) (kotlin.random)
16       }          f Random(seed: Long) (kotlin.random)
17   }             c Random (java.util)           ②
                   Random (kotlin.random)
                   RandomAccess (kotlin.collections)
                   RandomAccess (java.util)
```

```
main.xml ×    OmikujiActivity.kt ×
1    package jp.wings.nikkeibp.omikuji
2
3    import androidx.appcompat.app.AppCompatActivity
4    import android.os.Bundle
5    import jp.wings.nikkeibp.omikuji.databinding.MainBinding
6    import java.util.*              ← 追加された
7
8    class OmikujiActivity : AppCompatActivity() {
9        override fun onCreate(savedInstanceState: Bundle?) {
10           super.onCreate(savedInstanceState)
11           val binding = MainBinding.inflate(layoutInflater)
12           setContentView(binding.root)
13           // 文字を表示する
14           val str = "大吉"
15           val rnd = Random              ← 変換された
16           binding.helloView.text = str
17       }
18   }
```

3 「Random」の最後にかっこ()を半角文字で入力する（色文字部分）。「(」を入力すると、「)」
も自動入力される。

```
        // 文字を表示する
        val str = "大吉"
        val rnd = Random()
        binding.helloView.text = str
    }
```

4 入力したかっこの後ろで Enter キーを押して改行し、次のコードを追加する（色文字部分）。

```
        // 文字を表示する
        val str = "大吉"
        val rnd = Random()
        val number = rnd.
        binding.helloView.text = str
    }
```

結果 追加すべきメソッドの一覧が表示される。

5 一覧から ［nextInt (bound: Int)］ をダブルクリックする（またはカーソルキーで選択して
Enter キーを押す）。

結果 nextInt メソッドが自動的に追加される。

6 ()のなかに**3**と入力する（色文字部分）。

```kotlin
        // 文字を表示する
        val str = "大吉"
        val rnd = Random()
        val number = rnd.nextInt(3)
        binding.helloView.text = str
    }
```

```
main.xml    OmikujiActivity.kt
1      package jp.wings.nikkeibp.omikuji
2
3      import androidx.appcompat.app.AppCompatActivity
4      import android.os.Bundle
5      import jp.wings.nikkeibp.omikuji.databinding.MainBinding
6      import java.util.*
7
8      class OmikujiActivity : AppCompatActivity() {
9          override fun onCreate(savedInstanceState: Bundle?) {
10             super.onCreate(savedInstanceState)
11             val binding = MainBinding.inflate(layoutInflater)
12             setContentView(binding.root)
13             // 文字を表示する
14             val str = "大吉"
15             val rnd = Random()
16             val number = rnd.nextInt(3)        ◀━ 6
17             binding.helloView.text = str
18         }
19     }
```

7 コードを次のように変更する（色文字部分）。

```kotlin
        // 文字を表示する
        val str = "大吉"
        val rnd = Random()
        val number = rnd.nextInt(3)
        binding.helloView.text = "$str 乱数 ${number + 1}"
    }
```

```
main.xml    OmikujiActivity.kt
1      package jp.wings.nikkeibp.omikuji
2
3      import androidx.appcompat.app.AppCompatActivity
4      import android.os.Bundle
5      import jp.wings.nikkeibp.omikuji.databinding.MainBinding
6      import java.util.*
7
8      class OmikujiActivity : AppCompatActivity() {
9          override fun onCreate(savedInstanceState: Bundle?) {
10             super.onCreate(savedInstanceState)
11             val binding = MainBinding.inflate(layoutInflater)
12             setContentView(binding.root)
13             // 文字を表示する
14             val str = "大吉"
15             val rnd = Random()
16             val number = rnd.nextInt(3)
17             binding.helloView.text = "$str 乱数 ${number + 1}"    ◀━ 7
18         }
19     }
```

8 ツールバーの ■［停止］を選択してアプリを停止し、次に ▶［実行］ボタンをクリックする。

結果 おみくじアプリが実行されて「大吉 乱数 x」と表示される（xの値は、1〜3の範囲で変化する）。

9 いったんツールバーの ■［停止］をクリックしてアプリを停止し、もう一度、ツールバーの ▶［実行］ボタンをクリックする。

結果 再びおみくじアプリが実行されて「大吉 乱数 x」と表示される（xの値は、1〜3の範囲で変化する）。

クラスとは

　Androidアプリのプログラムは、さまざまな**クラス**というものをパーツ（部品）のように組み合わせて作っていきます。

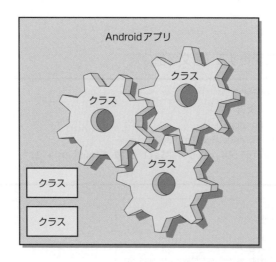

　一般にパーツには、ボルトやナットといった汎用に使えるパーツと、それ専用のパーツがあります。Kotlinのクラスもまったく同様に、汎用的なクラスと、アプリ固有のクラスがあります。画面にテキストを表示しているのもクラスを利用しています。このような、どのアプリにも共通するような処理を行うクラスは、汎用クラスに分類されます。そして、このようなクラスは、私たちは作る必要はありません。出来合いのクラスがあり、それを利用すればいいだけなのです。

　しかも、出来合いのパーツ（クラス）は、すでにパソコンにインストールされています。第2章でインストールしたAndroid SDKは、こうしたクラスを集めたものです。なお、このよ

うなパーツとなるクラスを集めたものを、一般に**クラスライブラリ**、または単に**ライブラリ**と呼びます。

　Android SDKには、Androidアプリを作る上で便利なクラスがたくさん用意されています。たいていの処理は、既存のクラスを利用するだけで実現できてしまいます。プログラムの大半は、クラスを利用する、というコードになるでしょう。

クラスを利用するには

　プログラムでクラスを利用するには、クラスから**インスタンス**（実体）を作成する必要があります。クラスを実際に利用するには、変数のようにメモリ上に存在している必要があるからです。

　クラスは、クッキーの焼き型のようなものであり、対してインスタンスは、クッキーそのものにあたります。つまり同じクラスから、いくつでも独立したインスタンスを作ることができる、ということです。このようなしくみにしておけば、何度も手でクッキーを形作るような、非効率なことをする必要がありません。

　なお、インスタンスのことを、**オブジェクト**と呼ぶこともあります。ただし、オブジェクトにはより広い概念的な意味あいも含まれていますので、インスタンス以外のものも、オブジェクトと呼ぶ場合があります。

クラス　　　　　　　　インスタンス

　クラスからインスタンスを作成するには、次のように記述します。

構文 **クラスのインスタンス化**

クラス名()

こうすると、クラスからインスタンスが作成され、メモリ上に確保されます。そしてそのメモリの位置を示すアドレスを得ることができます。通常、このアドレスは、あとで利用しますので、変数に保存しておきます。

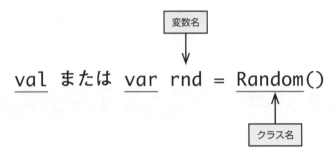

　したがって、ここで追加したコードは、**乱数**を得るためのRandomというクラスから、インスタンスを作り、それをRandomクラス型の変数rndに、初期値として代入している、という意味になります。

用語

乱数

乱数とは、サイコロを振って出る目のように、出現する値に規則性のない数のことです。ただコンピュータでは、まったくの乱数を作るのは難しく、擬似的な乱数を、数式を使って計算して求めています。

クラスの場所を指定するimport文

　いきなりRandomクラスが登場しましたが、このようにコードからすぐに使えるには、このクラスが、変数のようにすでにどこかで宣言されているからです。では、このクラスはどこで宣言されているのでしょうか。

　それは、自動で追加された「import」（インポート）で始まる文で指定しています。**import文**は、コードで利用するクラスが、どこのパッケージに含まれるものなのかを指定するものです。

```
import java.util.*
```

　このコードは「java.utilというパッケージに含まれている任意のクラスを利用する」ということを宣言しています。クラスはパッケージとしてまとめられているので、コードからクラス

を利用するには、どのパッケージのクラスなのかを、あらかじめ宣言しておく必要があるのです。Randomクラスは、java.utilパッケージに含まれています。もし、同じパッケージ（ここではjp.wings.nikkeibp.omikujiパッケージ）のクラスであれば、import文は必要ありません。

なお、コードで、「Random」と記述する代わりに「java.util.Random」と記述すれば、import文は不要です。このようなパッケージ名まで含めたクラス名のことを、**完全限定名**と呼びます。本来クラスを識別するには、このようにパッケージまで含めて指定しなければならないのですが、import文で指定すると、クラス名だけで利用できるようになるのです。

ヒント

java.utilパッケージとは

Randomクラスは、java.utilというパッケージに含まれています。このようにパッケージ名に「java」がつくクラスは、Android専用のクラスではなく、Javaの標準ライブラリとして提供されているクラスを、Androidで利用できるようにしたものです。
Javaの標準ライブラリについては、Oracleが提供して

いるサイト（https://docs.oracle.com/javase/jp/8/docs/api/）に日本語の情報があります。ただし、Android用ではないため、細部が異なっている可能性があります。最終的には、Android Developersサイト（https://developer.android.com）で確認するようにしましょう。

メソッドとは

メソッドとは、直訳すると、「方法」や「順序」という意味で、クラスに含まれる、実行可能な一連のコードのことです。メソッドを実行するには、クラスを示す変数に続けてドット（.）を書き、メソッド名を指定します。

構文 **メソッドの実行**

クラス型の変数.メソッド名（[引数]）

引数とは、メソッドを実行するときにメソッドに引き渡す値のことで、メソッドの後のかっこ()のなかに書きます。なお、引数が不要なメソッドでは、()のなかには何も指定しません。

引数とは反対に、メソッドから値を返すこともできます。メソッドから返す値のことを、**戻り値**と呼びます。戻り値のあるメソッドは、

ヒント

メソッドとメンバー関数

本書では、クラス内の実行可能なコードをメソッドとして解説していますが、Kotlinでは、メソッドのことを**メンバー関数**ともいいます。メソッドは、オブジェクト指向に基づく名称です。

次のコードのように変数に代入して利用します。

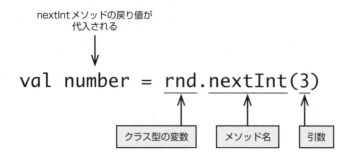

nextInt メソッドの戻り値が
代入される

↓

val number = rnd.nextInt(3)

クラス型の変数　　メソッド名　　引数

　ここでは変数の宣言と初期化、nextIntメソッドの実行を同時に行っています。nextIntメソッドに、引数として「3」を渡し、戻り値として整数の値を得ています。

　nextIntメソッドは乱数を整数で返すメソッドで、乱数の範囲は、0～引数として指定した値より小さい整数となります。つまり、rnd.nextInt(3)であれば、0、1、2のいずれかの値となるというわけです。

文字列に値を埋め込む

手順❼で追加した次のコードは、文字列に、変数の値を埋め込んでいます。

構文 **文字列テンプレート**

```
hello_view.text = "$str 乱数 ${number + 1}"
```

　文字列のなかに「$変数名」と書くと、その変数の値を文字列のなかに埋め込むことができます（**文字列テンプレート**）。また{}で囲むと、変数だけでなく**式**（expression）の値を埋め込むことができます。

　式とは、このコードのように、**演算子**（＋）と、変数（number）などを組み合わせたもので、何らかの値を生成するコードのことです。式から値を得ることを、**式を評価する**ともいいます。

　演算子とは、変数の数値の計算や比較、代入といった、さまざまな操作を行う記号やキーワードのことです。このコードの「＋」は、**算術演算子**と呼ばれる演算子のひとつで、足し算を行います。つまり「number ＋ 1」は、「numberの値に、＋演算子を使って、1を足す」、という意味になります。

　したがって、手順❼で追加したコードは、「乱数」という文字の前に変数strの値、「乱数」という文字の後に変数number+1の値を結合して、binding.helloView.textに設定しているこ

とになります。

　なお、演算子によって計算の対象となるものを**オペランド**と呼びます。このコードでは、$number と 1 がオペランドです。演算子は、オペランドの数によって、単項演算子と二項演算子に大別されます。ここでは、これから学ぶ演算子も含めて、基本的な演算子をかんたんにまとめておきます。いきなり全部を覚えきれないでしょうから、少しずつ理解していきましょう。

種別	表記	意味
単項演算子	-	マイナス（符号を反転）
	++	インクリメント（+1）
	--	デクリメント（-1）
二項演算子	+	加算
算術演算子	-	減算
	*	乗算
	/	除算
	%	剰余（整数、小数の余りを求める）
複合代入演算子	+= -= *= /= %= &= ^= |= <<= >>= >>>=	他の演算子の結果を代入する
関係演算子	==	両辺が等しいなら true
	!=	両辺が異なれば true
	>	左辺が右辺より大きいなら true
	>=	左辺が右辺以上なら true
	<	左辺が右辺より小さいなら true
	<=	左辺が右辺以下なら true
論理演算子	&&	AND
	||	OR
	!	NOT（論理否定、単項演算子）

注 意

代入（=）は値を返さない

Kotlin では、代入（=）は値を返さないことに注意しましょう。この演算子の表にも代入（=）は含めていません。

演算子の優先順位

　演算子は、原則として数学と同様、左のものから順番に実行されます。また、かっこ () を使うとそのなかの式が優先されます。

　このように、演算子には**優先順位**があります。Kotlinでの演算子の優先順位は、次のようになっています。同じ優先順位であれば、左から実行されます。

優先順位	演算子
高い	++　--　.　?.　?
	-　+　++　--　!
	:　as　as?
	*　/　%
	+　-
	..
	?:
	in　!in　is　!is
	<　>　<=　>=
	==　!==
	&&
	||
低い	=　+=　-=　*=　/=　%=

値を判定してみよう

ここでは、値を判定して、処理を分岐するコードを学びます。

処理を振り分けてみよう

ランダムで3種類の値を得られるようになりましたので、今度はその値を表示するのではなく、値を判定して、処理を振り分けてみましょう。

1 Android Studioのテキストエディターで、OmikujiActivity.ktのコードを次のように変更する（色文字部分）。

```
var str = "大吉"
val rnd = Random()
val number = rnd.nextInt(3)
if (number == 0) {
    str = "吉"
}
else if (number == 1) {
    str = "凶"
}
binding.helloView.text = str
```

2 いったんツールバーの ■［停止］をクリックしてアプリを停止し、ツールバーの ▶［実行］ボタンをクリックする。

結果 おみくじアプリが実行されて、「大吉」、「凶」、「吉」のいずれかが表示される。

varキーワード

手順❶のコードでは、変数strの宣言で、valキーワードから、**varキーワード**に変更しています。

```
var str = "大吉"
```

これは、そのあとのコードで、変数strの内容を書き換えるためです。変更が必要な変数は、varキーワードをつけて宣言します。なお、変更が必要でないかぎり、valキーワードを優先して使うとよいでしょう。

if文という条件分岐

ここで追加したのは、**if文**と呼ばれる条件分岐のコードです。

```
if (number == 0) {
    str = "吉"
}
```

if文を用いて、変数numberの値を条件として判定し、処理を分岐しています。分岐された先では、変数strに代入する文字列を変更しています。つまり、変数numberが0であれば、変数strに「吉」の文字列が代入されることになります。

このように、条件に応じて処理を振り分ける文を**制御構文**と呼びます。if文は、「もし～ならば」という分岐を行うときに用います。

構文 **if文**

```
if (条件式) {
    条件式がtrueと評価されたときの処理
}
```

ifキーワードの後ろにかっこ()を書き、そのなかに条件式を書きます。次に、その条件式がtrue（真）のときに実行される処理を、ブロックまたは文で記述します。

if文の処理の流れは、次の図のようになります。

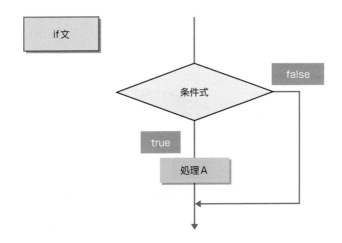

先ほどのコードでは、「number == 0」の部分が条件式です。この式では、**関係演算子**を使って、変数numberが0かどうかを判定しています。関係演算子とは、2つのオペランドで、等しいかどうか、より大きいかどうかなどを比較し、true（真）であるかfalse（偽）であるかを判定する演算子です。

つまりこの場合は、変数numberが0であれば、この式はtrueとなり、続くブロックが実行されます。0でなければ、式はfalse（偽）となり、続くブロックの実行はスキップされます。

> **ヒント**
>
> **条件式の型**
>
> if文の条件式に許されるのは、Boolean型として評価される（結果がtrueまたはfalseになる）式だけです。Boolean型以外の式は、記述できません。

条件式がtrueのときとfalseのときで、処理を分けたい場合には、**if〜else文**を使って次のように記述します。

構文 if〜else文

```
if (条件式) {
    条件式がtrueと評価されたときの処理
}
else {
    条件式がfalseと評価されたときの処理
}
```

この処理の流れは、次のようになります。

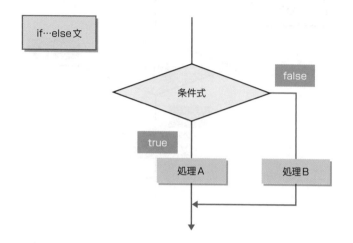

また、if～else文では複数の条件式を指定することもできます。

構文 if～else文（複数の条件式）

```
if (条件式1) {
    条件式1がtrueのときの処理
}
else if (条件式2) {
    条件式2がtrueのときの処理
}
else {
    条件式1と2がfalseのときの処理
}
```

したがって、ここで追加したコードは、変数numberが0なら変数strに「吉」を代入、1なら「凶」を代入、それ以外なら変数strは初期値のまま、という処理になります。

```
if (number == 0) {
    str = "吉"
}
else if (number == 1) {
    str = "凶"
}
```

if～else文では、条件式をいくつでも連ねることができますが、その場合でも、条件に合致した最初のブロックだけが実行されます。

when文による分岐処理

条件が多くなる場合には、**when文**という制御構文を用います。when文は、if文のように条件式の真偽で分岐するのではなく、式の値によって分岐します。

when文

```
when (条件式) {
    式1 -> 条件式が、式1が返す値と一致するときの処理1
    ...
    式n -> 条件式が、式nが返す値と一致するときの処理n

    else -> どの式でも一致しない処理
}
```

whenのあとの()内の条件式と、whenブロック内で指定する式の値が一致したときだけ、該当の処理が実行されます。処理が終わるとwhen文を抜けて、when文以降の処理に移ります。いずれの値とも合致しない場合には、elseで指定した処理が実行されます。else部分は不要であれば省略可能です。

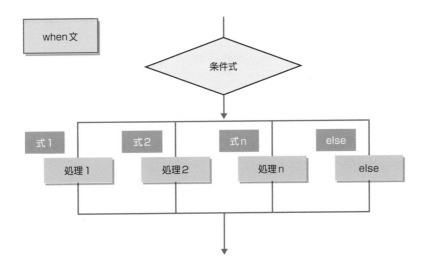

たとえば、先ほどのコードをwhen文で書き換えると、次のようになります。

```
when (number) {
    0 -> str = "吉"
    1 -> str = "凶"
}
```

whenの定数式

whenブロック内で指定できる式は、条件式が返す
データ型と同じ型である必要があります。同じ型で
あれば、数値や文字、文字列なども使えます。

ifとwhenは式としても使える

Kotlinでは、ifとwhenは、式としても使うことができます。つまり、ifやwhenを使った文
自体で値を返すことができます。

たとえば、次のif式のコードでは、変数numberが0なら、変数strに「吉」を代入、0以外
なら、「凶」を代入します。

```
val str = if (number == 0) {"吉"} else {"凶"}
```

先ほどのコードをwhen式で書き換えると、次のようになります。

```
val str = when (number) {
    0 -> "吉"
    1 -> "凶"
    else -> "大吉"
}
```

なお、if式とwhen式のいずれも、式として用いる場合は、必ず値を返す必要がありますの
で、else部分を省略することはできません。

配列を使ってみよう

たくさんの値をまとめてあつかうために、Kotlin には「配列」というしく
みがあります。ここでは、配列を利用したコードを加えてみましょう。

配列を使ってみよう

　運勢を選択する処理を、if文やwhen文ではなく、配列を利用したコードに変更します。少
しコードの変更や追加が多くなりますが、書かれている文字をよく見て入力しましょう。コメ
ントも整理しています。

1　Android Studioのテキストエディターで、OmikujiActivity.ktを次のように変更する（網
掛け部分を削除）。

```kotlin
override fun onCreate(savedInstanceState: Bundle?) {
    super.onCreate(savedInstanceState)
    val binding = MainBinding.inflate(layoutInflater)
    setContentView(binding.root)
    // 文字を表示する
    var str = "大吉"
    val rnd = Random()
    val number = rnd.nextInt(3)
    if ( number == 0 ) {
        str = "吉"
    }
    else if ( number == 1 ) {
        str = "凶"
    }
    binding.helloView.text = str
}
```

2　OmikujiActivity.ktのコードを、次のように変更する（色文字部分を追加・変更）。

```kotlin
setContentView(binding.root)

    // くじ番号の取得
    val rnd = Random()
    val number = rnd.nextInt(20)

    // おみくじ棚の準備
    val omikujiShelf = Array<String>(20) {"吉"}
    omikujiShelf[0] = "大吉"
    omikujiShelf[19] = "凶"
```

```
// おみくじ棚から取得
val str = omikujiShelf[number]

binding.helloView.text = str
```

3 いったんツールバーの ■[停止]をクリックしてアプリを停止し、
ツールバーの ▶[実行]ボタンをクリックする。

結果 おみくじアプリが実行されて、「大吉」、「凶」、「吉」のいずれかが表示される（ただし「大吉」、「凶」が表示される確率は低い）。

おみくじ番号の取得

ここで変更したコードは、内容的に3つの処理に分かれます。まずは、最初の処理から見ていきましょう。

前の節では、3つのランダムな数に応じて、吉凶を表示しました。ただしそれでは、3つとも同じ確率になってしまいます。そこで実際のおみくじのように、もう少し多くの数を使った処理に変更します。

一般に、おみくじを選択するしくみは、次の図のようになっています。

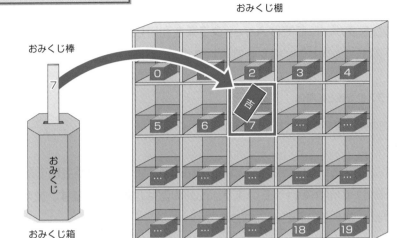

おみくじ箱には、おみくじ棒と呼ばれる細長い棒が入っていて、それに番号（1から多くて30程度）が書かれています。おみくじの紙片のほうは、番号が振られた棚に並べられています。取り出した木の棒の番号（本書では「くじ番号」と呼ぶことにします）と、同じ番号の棚から紙片を取り出すことで、おみくじが決められます。つまり、3つから選択するのではなく、もっと多くの数がある棚から選択する、ということです。

追加した最初のコードでは、くじ番号を求めています。くじ番号は、乱数のままですが、数の範囲を0〜19（20とおり）に変更しています。

```
// くじ番号の取得
val rnd = Random()
val number = rnd.nextInt(20)
```

おみくじ棚を配列と考えよう

次に、コメント「おみくじ棚の準備」の部分の処理です。ここでは、20個の棚を持っている、おみくじ棚を考えています。それぞれの棚には、「大吉」、「吉」、「凶」の文字列がいずれか1つ入っているとします。

おみくじ棚は、そのまま**配列**に置き換えて考えることができます。配列は、同じ型のデータを複数持つことができるオブジェクトです。まさに、おみくじ棚と同じイメージです。

配列には、Int型などの基本データ型はもちろん、任意のクラスも格納することができます。このような配列内のデータのことを、配列の**要素**と呼びます。

配列の機能は、Kotlinの標準クラスとして提供されています。配列のような機能を持つクラスは、複数ありますが、ここでは**Arrayクラス**を利用しています。

Arrayクラスは、次のような構文で宣言します。

構文 Arrayクラスの宣言と初期化

Array<配列の型>（要素の数）{初期化処理}

ここで追加したコードでは、次のように「omikujiShelf」という名前の配列を宣言して、領域（要素20個分）の確保を行っています。配列の型は、文字列型です。文字列型が20個分つながったオブジェクトということになります。

```
// おみくじ棚の準備
val omikujiShelf = Array<String>(20) {"吉"}
```

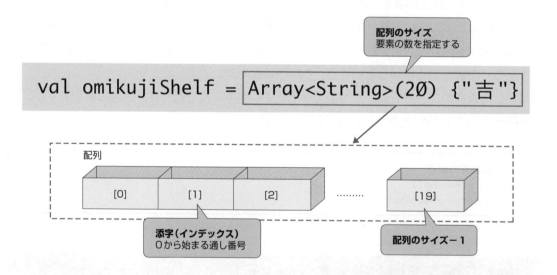

初期化処理

Arrayクラスでは、宣言と同時に、配列の要素の初期化を行うことできます。初期化処理には、各要素に設定したい値を返す式を書きます。

手順❷のコードでは、初期化処理に"吉"を指定しています。したがって、各要素は「吉」と

いう文字列で初期化されます。

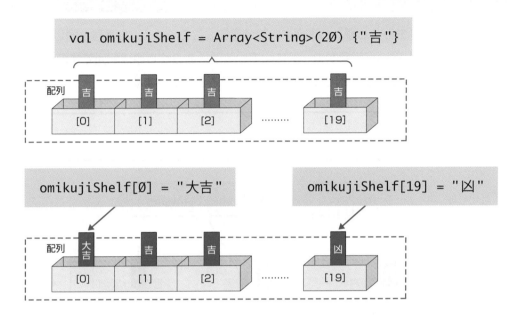

　Arrayクラスでは、**添字**や**インデックス**と呼ばれる番号を[]のなかに記述して、各要素の指定を行います。添字は、0から始まり「配列のサイズ-1」までとなります。たとえば、配列名[0]とすると、最初の要素が参照できます。配列名[1]では、その次の要素です。

　なお、配列の宣言と初期化の次のコードでは、要素を直接指定して、「大吉」、「凶」を代入しています。

```
omikujiShelf[0] = "大吉"
omikujiShelf[19] = "凶"
```

　それぞれ1つだけですので、これらの文字列が選択される確率は、ともに20分の1になります。

おみくじ棚から取得する

　最後は、コメント「おみくじ棚から取得」の部分です。ここでは「くじ番号と同じ棚から、お
みくじ紙を取り出す」という手順をコードにしています。おみくじ棚は配列ですので、くじ番
号をそのまま添字と見なせば、「同じ番号の棚」ということになります。

```
// おみくじ棚から取得
val str = omikujiShelf[number]
```

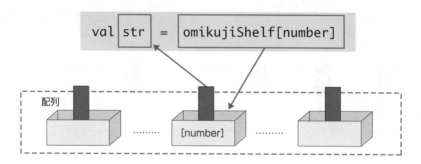

for文で配列にアクセスする

　配列の要素が多くなってくると、1つずつ指定するのは非効率です。こういう場合によく使
われるのは、**for文**と呼ばれる制御文です。
　for文は、**イテレータブルなオブジェクト**から、1つずつ同じ要素を取り出して、順番に処理
を行う制御文です。

構文 for文

```
for(任意の変数名 in イテレータブルなオブジェクト) {
    処理
}
```

　「イテレータブルなオブジェクト」とは、ごくかんたんにいえば、配列のように、順番にアクセ
スできるものです。たとえば、次のコードでは、変数strに、omikujiShelfの要素、
omikujiShelf[0]からomikujiShelf[19]まで、順番に取り出すことができます。

```
for( str in omikujiShelf ) {
    // strには、omikujiShelfの要素が順番に代入される
    // ここの処理は、omikujiShelfの要素分くりかえされる
}
```

範囲式

　イテレータブルなオブジェクトには、**範囲演算子**（..）を使った**範囲式**を使うことができます。範囲演算子は少し特殊な演算子で、2つのオペランドの範囲を返します。
たとえば、次のようなコードでは、0 〜 10までの範囲を意味します。

```
0 .. 10
```

　この範囲式を使って、配列omikujiShelfの要素すべてに「吉」という文字列を設定するには、次のようなコードになります。

```
for( i in 0 .. 19 ) {
    omikujiShelf[i] = "吉"
}
```

かんたんなクラスを作ってみよう

かんたんなクラスを作って、クラスの構造について学びます。自分でクラスを考えて作ると、クラスに対する理解がぐっと深まります。

クラスのひな形を作ってみよう

最初にクラスのひな形を、Android Studioの機能を使って作成します。

1 Android Studioのプロジェクトビューで、[app]−[java]−[jp.wings.nikkeibp.omikuji]を選択して右クリックし、表示されたコンテキストメニューから[新規]−[Kotlinクラス/ファイル]を選択する。

結果 [新規Kotlinクラス/ファイル]ダイアログが表示される。

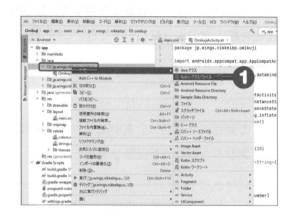

2 入力欄に**OmikujiBox**と入力し、その下の一覧から[クラス]を選択して Enter キーを押す。

結果 「OmikujiBox.kt」というクラスと同じ名前のファイルが作成されて、プロジェクトビューとテキストエディターに表示される。

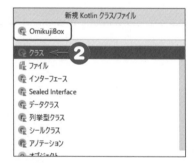

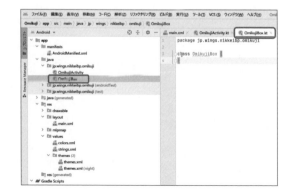

クラスを作ること

　ここでは、汎用的なクラスではなく、今回のAndroidアプリ独自のクラスを作っています。「どんなクラスを作ればよいか」について考えることを**クラス設計**といい、アプリを作っていく上で重要な行程であり、同時に、もっとも難しい作業です。クラスは機械的に決定できるものではないのですが、クラスを作るヒントとして、作りたいアプリに登場する「名詞」に着目するとよいでしょう。クラスというのは、抽象的な意味で「もの」を表しますので、名詞になり得るものがクラスの候補になります。

 ヒント

オブジェクト指向とは

アプリケーションやシステムに登場する「もの」(オブジェクト)に着目することを、**オブジェクト指向**といい、この考えに基づいてプログラムすることを、**オブジェクト指向プログラミング**と呼びます。

　前の節では「おみくじ箱」がありましたね。これをクラスにしてみましょう。クラスの作成では、まずは名前を決める必要があります。ここでは、おみくじ箱クラスですので、名前は「OmikujiBox」としています。クラスの名前には、半角英数の文字が利用できますが、最初の1文字はアルファベットの大文字とします。

　Android Studioの機能を使えば、クラスのひな形が作成できます。生成されたOmikujiBox.ktには、次のようなクラスの宣言が記述されています。

```
package jp.wings.nikkeibp.omikuji

class OmikujiBox {

}
```

　package文は、このクラスが属するパッケージの指定です。Android Studioでは、自動で作成されます。「class」から始まる行がクラスの宣言です。

構文 **クラスの宣言**

```
[アクセス修飾子] class クラス名 {
}
```

class キーワードのあとにクラス名を指定して、ブロックを続けます。ブロックのなかに、クラスの内容を定義していきます。アクセス修飾子については、あとで説明します。

クラスにメンバーを追加しよう

次に、クラスの中身を追加しましょう。

1 Android Studioのテキストエディターで、OmikujiBox.ktに次のコードを追加する（色文字部分）。

```
class OmikujiBox {
    val number :  Int  = –1 // くじ番号
}
```

```
main.xml    OmikujiActivity.kt    OmikujiBox.kt
1    package jp.wings.nikkeibp.omikuji
2
3    class OmikujiBox() {
4        val number : Int = -1 // くじ番号    ← 1
5    }
6
```

プロパティとは

クラスには、クラスに関連する処理を定義した**メソッド**、クラスのデータ部分である**プロパティ**があります。プロパティは、クラスのなかで定義する変数のようなものです。メソッドやプロパティのように、クラスに含まれる要素のことを、クラスの**メンバー**と呼びます

プロパティは、クラスが持つべき属性を表現するもので、ここでは、おみくじ箱から取り出す棒に書かれたくじ番号を示す、Int型の変数numberの宣言と初期化を行っています。プロパティは、必ず初期化する必要があります。

> [アクセス修飾子] val 変数名 ： データ型 = 初期値

　プロパティは、4.1 節での変数と同じ書き方で宣言しますが、変数として参照できる範囲が異なっています。クラスの定義内で宣言するプロパティは、**インスタンス変数**と呼ばれ、クラスのなかのどこからでも利用することができます。これに対して、メソッドやif文などのブロックのなかで宣言している変数は、**ローカル変数**といい、宣言したブロック内しか利用できません。このような変数の有効範囲のことを、**変数のスコープ**と呼びます。

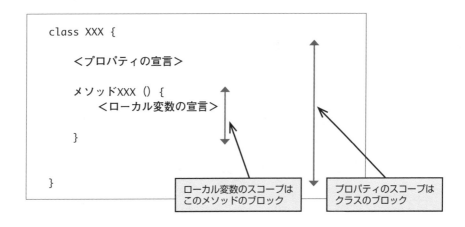

```
class XXX {

    ＜プロパティの宣言＞

    メソッドXXX () {
        ＜ローカル変数の宣言＞

    }


}
```

ローカル変数のスコープはこのメソッドのブロック

プロパティのスコープはクラスのブロック

アクセス修飾子とは

　Kotlinでは、クラスやプロパティ、メソッドに対して、他のクラスからのアクセスを制限することができます。その制限を指定するものが**アクセス修飾子**で、次の種類があります。

アクセス修飾子	概要
public、指定なし	どのクラスからでも利用可能
protected	宣言したクラス、派生クラスから利用可能
internal	同一モジュールクラスから利用可能
private	宣言したクラス内でのみ利用可能

ヒント

モジュール

モジュールとは、アプリをビルドする際に必要なファイル一式のことです。

　したがって、ここで追加したプロパティは、どのクラスからでもアクセス可能です。

プロパティの初期化とコンストラクター

手順❶で追加したのは、プロパティの宣言と初期化を同時に行うコードでした。プロパティは初期化しないと使えませんが、初期化は必ずしも宣言と同時に行う必要はありません。

クラスには、**コンストラクター**というブロックを加えることができます。コンストラクターとは、クラスが生成されたときに必ず実行される処理です。このコンストラクターに、プロパティの初期化を記述することができます。

Kotlinのクラスのコンストラクターは、クラスの定義で次のように記述します。

構文 コンストラクター

```
[アクセス修飾子] class クラス名([引数]) {
    プロパティの初期化処理
}
```

クラス名の後ろのかっこのなかの引数は、コンストラクターが実行されるときに渡したい値を指定するものです。引数は、変数の宣言と同様に、次のような構文となります。複数指定したいときは、カンマ(,)で区切って書きます。引数が不要な場合は、何も記述しません。

構文 引数

```
引数名 : データ型 [, 引数名 : データ型 ... ]
```

したがって、先ほどのクラスの定義は、次のように書くこともできます。

```
class OmikujiBox() {
    val number = -1
}
```

クラスの生成時に任意の値を設定したいなら、次のようになるでしょう。

```
class OmikujiBox(n : Int) {
    val number = n
}

val box = OmikujiBox(1) // クラスを生成するときに初期値を指定する
```

またコンストラクターでは、プロパティ自体の定義を書くことができます。

構文 **コンストラクター（プロパティの定義を記述）**

```
[アクセス修飾子] class クラス名(プロパティの定義) {
}
```

OmikujiBoxクラスの定義は、次のように書くこともできます。

```
class OmikujiBox(var number : Int = -1) {
}
```

このクラス定義では、プロパティnumberの値は、クラスを生成するときに値を指定しないと-1、指定すると、その値になります。

コンストラクターでの任意の処理

コンストラクターには、プロパティの初期化だけでなく、任意のコードも記述することができます。この場合は、**initキーワード**をつけたブロックを追加して、そのなかに記述します。

構文 **コンストラクター（任意の処理を記述）**

```
[アクセス修飾子] class クラス名( [引数] ) {
    init {
        任意の初期化処理
    }
}
```

> ◢ ヒント
>
> **プライマリコンストラクターとセカンダリコンストラクター**
> この章で説明しているコンストラクターは、**プライマリコンストラクター**と呼ばれるものです。コンストラクターは、複数記述することができます。ただし、プライマリコンストラクターは、1つしか指定できません。引数の異なるコンストラクターなどを定義したい場合は、**セカンダリコンストラクター**として定義します。詳細は、Kotlinの公式リファレンス（https://kotlinlang.org/docs/reference/）などを参照してください。

プロパティを参照するには

　プロパティは変数のようなものなので、クラスのなかでは、通常の変数と同じように使うことができます。ここで定義したプロパティnumberは、varキーワードで定義していますので、初期化の後でも、値を書き換えることができます。valキーワードで定義した場合は、参照のみ可能なプロパティとなります。

　プロパティをクラスの外から参照するには、メソッドの呼び出しと同様の構文となります。

構文 プロパティの参照

クラス型の変数.プロパティ名

乱数を返すプロパティにしてみよう

　先ほど追加したnumberプロパティは、Int型の変数とほぼ同じでしたが、それを変更して、乱数を返すプロパティにしてみます。

1 OmikujiBoxのコードを、次のように変更する（色文字部分）。「val number」の行から「= -1」を削除し、「get() ～」の行を追加する。「val rnd = Random()」の行では、この章の4.2節の冒頭の手順と同様に、入力候補を表示して［Random (java.util)］を選択する。

```kotlin
class OmikujiBox() {
    val number : Int     // くじ番号 (0 ～ 19の乱数)
    get() {
        val rnd = Random()
        return rnd.nextInt(20)
    }
}
```

結果 「import java.util.*」という行が追加される。

アクセサー

　Kotlinのプロパティは、変数のようなものと書きましたが、単に変数としてアクセスできるだけでなく、参照や設定するときに、処理を追加することができます。

　手順❶で追加したコードは、プロパティnumberを参照すると、乱数の値を返す処理です。プロパティnumberを参照するだけで、乱数が取得できるようになります。また、このプロパティは、参照専用とするため、valキーワードでの宣言に変更しています。

　このようなプロパティの参照や設定時の処理のことを、**アクセサー**（accessor）と呼びます。アクセサーは、次の構文で定義します。

アクセサー（ゲッター）

```
プロパティの定義
get() {
    何らかの処理
    return プロパティの値
}
```

　プロパティを参照するアクセサーは、**ゲッター**（getter）と呼ばれます。ゲッターは、**returnキーワード**を使って、プロパティの値を返します。

　プロパティに値を設定するアクセサーもあり、**セッター**（setter）と呼びます。たとえば、数値のプロパティを2倍して設定したいなど、何らかの処理を加えたい場合には、セッターを定義します。

クラスの処理を定義するには

　プロパティの参照や処理を行うアクセサーではなく、RandomクラスのnextIntメソッドのようなクラス内の処理を定義する場合は、次のように**funキーワード**を用います。

メソッドの定義

```
[アクセス修飾子] fun メソッド名（[引数名: 型]）: 戻り値の型 {
    何らかの処理
    return 戻り値
}
```

　引数は、メソッドを実行したときに渡される型と値を指定します。引数が不要な場合は、何

も記述しません。戻り値とは、メソッドを実行した結果として得られる値のことです。メソッドの宣言では、その戻り値のデータ型を指定します。

　なお、戻り値が不要の場合は、メソッド名のあとのコロン（:）と戻り値の型、returnキーワードの処理は省略できます。

クラスのリファレンスを調べるには

　Androidアプリを作る場合、Android SDKで提供されるクラスをたくさん利用します。ただSDKには、とても多くのクラスが含まれていますので、すべてを覚えきれません。ライブラリにはどんなクラスがあるのか、そのクラスにはどういった機能があるのか、といったことを調べながら開発することになります。

　クラスについて調べるには、**リファレンス**と呼ばれる情報を参照します。クラスライブラリについてのリファレンスは、インターネット上のサイトで確認します（https://developer.android.com/reference/）。

～ もう一度確認しよう！～　チェック項目

☐ 変数の使い方がわかりましたか？

☐ クラスを定義する方法は理解できましたか？

☐ インスタンスについて理解できましたか？

☐ メソッドの呼び出し方はわかりましたか？

☐ 演算子の意味はわかりましたか？

☐ if文の使い方はわかりましたか？

☐ 配列の意味はわかりましたか？

☐ プロパティの参照や設定はわかりましたか？

第 **5** 章

アプリに画像を組み込もう

この章では、Androidアプリに画像を取り込み、画面に表示する方法を学習します。また、アニメーションを追加して、おみくじ箱の動きを表現できるようにします。

この章で学ぶこと

この章では、アプリでおみくじ箱の動きを表現するために、次の機能を追加します。

- **おみくじ画像の表示**
- **画像のアニメーション**

その過程を通して、この章では、次のような内容を学習します。

- **画面レイアウトの編集**
- **バインディングクラス**
- **Activity クラス**
- **継承とオーバーライド**
- **画像ファイルの表示**
- **イベント**
- **アニメーション処理**

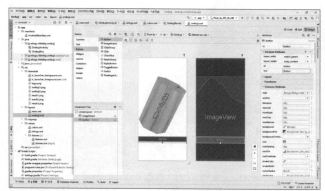

画面レイアウトの編集

画像の表示

レイアウトの表示

ウィジェットのアニメーション

アプリの画面をレイアウトしよう

5.1 ここでは、おみくじアプリで表示する画面の設計を行いましょう。

プロジェクトに画像を追加しよう

まず、おみくじアプリの画面に表示する画像ファイルをプロジェクトに追加しておきます。

1 Windowsのエクスプローラーで、サンプルファイルに含まれる次の画像ファイルをすべて選択して右クリックし、コンテキストメニューから［コピー］を選択する。

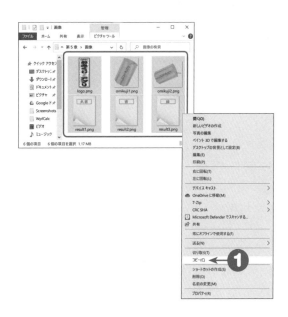

> **参照ファイル**
>
> ¥Android入門¥サンプル¥第5章¥画像¥
> *.png

ファイル名	内容
logo.png	おみくじアプリのロゴ画像
omikuji1.png	おみくじ箱の絵
omikuji2.png	おみくじ棒が飛び出した絵
result1.png	大吉の画像
result2.png	吉の画像
result3.png	凶の画像

2 Android Studioのプロジェクトビューで、［app］－［res］－［drawable］を選択して右クリックし、コンテキストメニューから［貼り付け］を選択する。

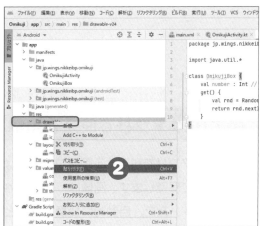

結果▶ ［宛先ディレクトリの選択］ダイアログが表示される。

> **参照**
>
> **本書のサンプルファイルの入手方法**
> → 「はじめに」の（3）ページ

3 ［ディレクトリ構造］タブで［...¥app¥ src¥main¥res¥drawable］が選択されていることを確認して、［OK］ボタンをクリックする。

結果▶ ［コピー］ダイアログが表示される。

4 そのまま［OK］ボタンをクリックする。

結果▶ プロジェクトビューに、各画像のファイル名が表示される。表示が折りたたまれているときは、▶をクリックして展開する。

Androidアプリで使える画像ファイル

　Androidアプリで利用する画像ファイルは、resフォルダーの下にある「drawable」というフォルダーに保存します。画像は、Android端末の解像度に応じて自動的に拡大・縮小されて表示されます。ただ、自動的に変換されると、ぼやけたり意図しない表示となる場合がありますので、Androidでは、あらかじめ用意した画像を、複数の解像度ごとに自動的に選択するしくみがあります。

次の表のように、解像度を示す名称を付加したフォルダーを作成し、そのフォルダーに解像度に見合った画像を保存します。このようにすると、Android端末の画面サイズや解像度によって、自動的にファイルが選択され、画像ファイルを使い分けることができます。解像度の指定のない「drawable」という名称のフォルダーに保存した場合は、中解像度（mdpi）用の画像としてあつかわれます。

　なお、Androidアプリで標準であつかえる画像ファイルのフォーマットは、PNG、JPEG、GIFです。本書のサンプルファイルでは、すべてPNGにしています。

画像フォルダー名	用途
drawable-xxxhdpi	1440ドット×2560ドットなど
drawable-xxhdpi	1080ドット×1920ドットなど
drawable-xhdpi	720ドット×1280ドットなど
drawable-hdpi	480ドット×800ドットなど
drawable-mdpi（またはdrawableのみ）	320ドット×480ドットなど

画面にパーツを配置しよう

　Androidアプリの画面に、画像やボタンなどのパーツを配置するには、プログラムソースとは別のXMLファイルに配置情報を定義します。

1 Android Studioのプロジェクトビューで、[app]－[res]－[layout]を選択して右クリックし、表示されたメニューから[新規]－[Layout Resource File]を選択する。

結果 [New Resource File] ダイアログが表示される。

2 [File name] 欄に、**omikuji**と入力する。また、[Root element] 欄にあらかじめ入力されている文字を削除し、**LinearLayout**と入力する。その他の項目は、次に示す初期値のままにする。

項目	初期値
[Source set]	[main]
[Directory name]	[layout]

3 [OK] ボタンをクリックする。

結果▶ omikuji.xmlが作成され、その内容がデザインビューで表示される。

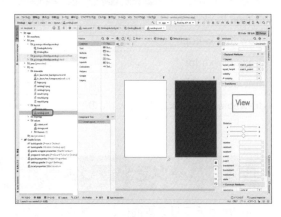

4 レイアウト画面で、左側の（背景色が明るいほうの）Android端末の画面をクリックして選択し、[Attributes] ウィンドウで [All Attributes] 欄の値を次のように変更する。表示が折りたたまれているときは、見出しの先頭の [>] をクリックして展開する。

項目	設定
[gravity] （左側の [>] を クリックして項 目を展開する）	[center_vertical] と [center_horizontal] に チェックを入れて [true] にする

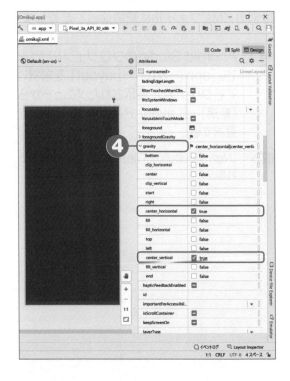

🏷 **参照**

デザインビューの画面構成

→第3章の3.3節

5 デザインビューの左端にある［Palette］で、［Common］をクリックして右に表示される［ImageView］をクリックし、レイアウト画面の中心にドラッグアンドドロップする。

結果▶ ［Pick a Resource］ダイアログが表示される。

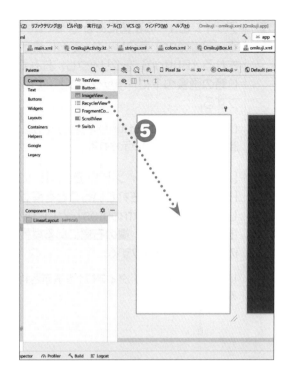

6 一覧から［omikuji1］をクリックして選択し、［OK］ボタンをクリックする。

結果▶ レイアウト画面に配置されたImageViewウィジェットに、おみくじ箱の画像が表示される。

画像が表示された

7 デザインビューの左端にある［Palette］
で、［Buttons］をクリックして右に表示
される［Button］をクリックし、おみく
じ箱の画像の下にドラッグアンドドロッ
プする。

結果▶ レイアウト画面にButtonウィジェットが配
置されて、ボタンが表示される。

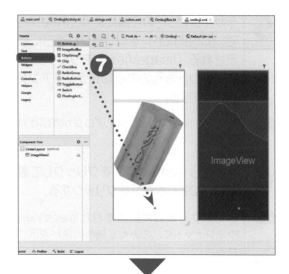

8 ［Attributes］ウィンドウで、［id］に
「button」と表示されていることを確認
し、［Declared Attributes］という見
出しの下の［text］欄の右側にある縦長
のボタンをクリックする。

結果▶ ［Pick a Resource］ダイアログが表示され
る。

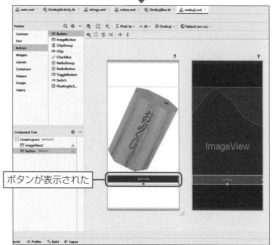

ボタンが表示された

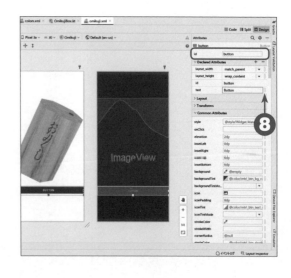

9 新しい文字列リソースを追加するために、ダイアログ左上の[+]ボタンをクリックして、表示されたメニューから [String Value] をクリックする。

結果▶ [New String Value] ダイアログが表示される。

10 [Resource name]欄に、文字列リソースのIDとして**bt_action**を、[Resource value] 欄には**うらなう**と入力する。

11 そのほかはそのままで、[OK] ボタンをクリックする。

結果▶ [Pick a Resource] ダイアログに戻り、文字列リソースが一覧に追加される。

12 [OK] ボタンをクリックする。

結果▶ ボタンの文字が変更される。

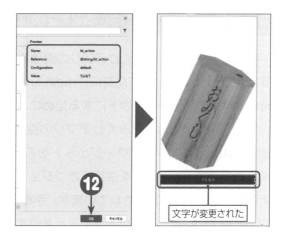

文字が変更された

13 レイアウト画面でおみくじ箱の画像を
クリックして選択状態にする。[Attribu
tes]ウィンドウの[id]に「imageView」
と表示されていることを確認する。

14 [Attributes] ウィンドウで、[Layout]
の下の [layout_weight] の入力欄に**1**
と入力して Enter キーを押す。

結果 おみくじ箱の画像が画面いっぱいに広がる。

画面レイアウトの設定方法

画面レイアウトは、レイアウト設定のXMLファイル
を使わずに、すべてプログラムで作成することもで
きます。

用語

ビューとウィジェット

Androidでは、アプリの画面に表示するものを総称
して**ビュー**と呼びます。また、ビューのうち、ボタン
など何らかの操作を伴うパーツを、**GUIウィジェット**
(Widget)、または単に**ウィジェット**といいます。

XMLファイルの作成とレイアウトの指定

　手順❶〜❸では、おみくじアプリの画面を定義するXMLファイルを新規に作成しています。
すでにプロジェクトの作成時に、main.xmlというファイルが自動的に作成されていますが、
それとは別の画面レイアウトにするために、omikuji.xmlというファイルを作成しています。

　また、手順❷では、おみくじアプリの画面で利用するレイアウトの種別を指定しています。
通常、Androidアプリでウィジェットを表示したい場合、それらを個別に定義するのではな
く、複数のウィジェットを束ねるオブジェクトを用います。Androidでは、それを**レイアウト**
と呼び、あらかじめ定義されています。手順❷で指定している**LinearLayout**（リニアレイア
ウト）はそのひとつで、ウィジェットを縦または横の一列に並べる、もっとも単純なレイアウ
トです。LinearLayout以外にも、次のようなレイアウトが用意されています。

名称	内容
LinearLayout	縦または横向き一列にウィジェットを並べる
RelativeLayout	ウィジェットを相対的な位置で指定する
TableLayout	表形式に並べる
FrameLayout	ウィジェットを重ねて表示する

LinearLayout

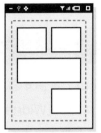

RelativeLayout

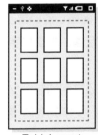

TableLayout

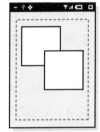

FrameLayout

　アプリの画面の元（ルート）になるレイアウトは、1つしか定義できません。ただしルートのレイアウトのなかにも、レイアウトを定義することができ、階層的に定義することで、複雑な配置が可能となっています。

　手順❹では、ルートのレイアウトに［center_vertical］（縦中央）と［center_horizontal］（横中央）を設定して、LinearLayout自体を、Android端末の画面の上下左右中央に表示する指定をしています。このような配置を指定するには、［Properties］の［gravity］（重力や引力という意味）で、主に次のような値を指定します。

設定値	内容
center_vertical	上下中央に配置。サイズ変更なし
fill_horizontal	ウィジェットの幅をレイアウトのサイズに合わせる
center_horizontal	左右中央に配置。サイズ変更なし
fill	ウィジェットの高さ・幅をレイアウトのサイズに合わせる
fill_vertical	ウィジェットの高さをレイアウトのサイズに合わせる

設定値	内容
center	上下左右中央に配置。サイズ変更なし
top	レイアウトの上部に配置。サイズ変更なし
bottom	レイアウトの下部に配置。サイズ変更なし
left	レイアウトの左側に配置。サイズ変更なし
right	レイアウトの右側に配置。サイズ変更なし

画像やボタンの配置と文字列の設定

手順❺〜❼は、LinearLayoutで配置する、おみくじ箱の画像を追加しています。画面に画像を配置したい場合は、パレットの［Widgets］からImageViewウィジェットを選択して配置し、そのあとに画像ファイルを指定します。

手順❽では、ボタン（Buttonウィジェット）を配置しています。また、手順❾〜⓬では、ボタンに表示する文言を指定しています。文言の指定は、まず文字列リソースを定義して、それを設定しています。

文字列リソースとは、Androidアプリで利用する文字列を、ソースコードとは独立した別のファイルに定義したものです。ソースコードでは、文字列を直接入力するのではなく、文字列リソースに割り当てられた識別用のID（文字列の別名のようなもの）を指定するようにします。ちょっとまわりくどい感じもしますが、このようにしておくと、たとえばAndroidアプリの英語版を作りたい、となった場合でも、文字列リソースを入れ替えるだけで対応できます。

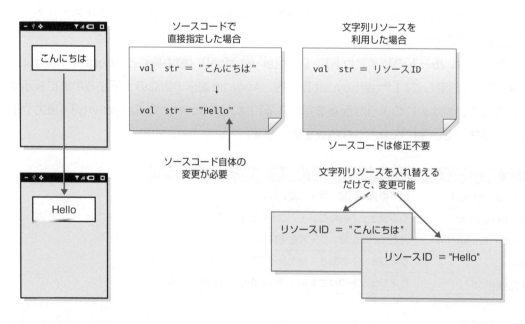

手順⓫が文字列リソースの設定で、「うらなう」という文字列を、「bt_action」というIDで登録しています。ここで作成した文字列リソースをボタンに設定し、ボタンに表示されるようにしています。

　手順⓭では、おみくじ箱の画像のIDが「imageView」であることを確認しています。このIDは、この後のソース変更で使います。

　なお、画像の横幅（layout_width）は、デフォルトで、どのような端末でも横幅を最大表示する［match_parent］です。また縦幅（layout_height）は、自動調整する［wrap_content］となります。

　手順⓮では、おみくじ箱の画像の［layout_weight］属性を1に設定しています。［layout_weight］は、画面のスペース（余白）の占有率を割合で指定する属性です。ここでは、おみくじ箱の画像のみ指定していますので、ボタンを除いて、表示できるエリアいっぱいに、おみくじ箱の画像が表示されることになります。

ヒント

ConstraintLayout

この章では、基本となるレイアウトのみを取り上げています。現在では、LinearLayoutやRelativeLayoutの代わりに、ConstraintLayoutというレイアウトを使うように推奨されています。ConstraintLayoutについては、第8章で説明します。

5.2 アプリにレイアウトを反映させよう

作成したレイアウトを Android アプリで表示してみましょう。

レイアウトファイルの指定を変更しよう

レイアウト定義の次は、ソースコードを変更して、作成した画面を確認してみましょう。

1 Android Studioのプロジェクトビューで、[app]－[java]－[jp.wings.nikkeibp.omikuji]－[OmikujiActivity] をダブルクリックする。

結果 OmikujiActivity.ktの内容が表示される。

2 OmikujiActivity.ktの「class OmikujiActivity」で始まる行のあとで改行し、**lateinit var binding: omikuji**と入力する（色文字部分）。その後、表示された候補から［Omikuji Binding (jp.wings.nikkeibo.omikuji.databinding)］を選択する。

```kotlin
class OmikujiActivity : AppCompatActivity() {
    lateinit var binding: OmikujiBinding
    override fun onCreate(savedInstanceState: Bundle?) {
        (中略)
    }
}
```

結果 「OmikujiBinding」に変換され、「import jp.wings.nikkeibo.omikuji.databinding.OmikujiBinding」という行が追加される。

追加された

3 OmikujiActivityクラスで、「val binding」から、「val」を削除し、「MainBinding」を「OmikujiBinding」に変更する。また、次のように、コードの一部をコメント化する（色文字部分）。

```kotlin
override fun onCreate(savedInstanceState: Bundle?) {
    super.onCreate(savedInstanceState)
    binding = OmikujiBinding.inflate(layoutInflater)
    setContentView(binding.root)
/*
    // くじ番号の取得
    val rnd = Random()
    val number = rnd.nextInt(20)

    // おみくじ棚の準備
    val omikujiShelf = Array<String>(20, {"吉"})
    omikujiShelf[0] = "大吉"
    omikujiShelf[19] = "凶"

    // おみくじ棚から取得
    val str = omikujiShelf[number]
    binding.helloView.text = str
*/
    }
```

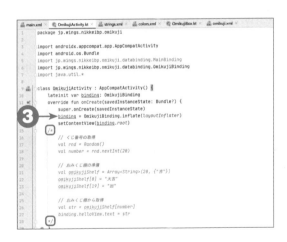

ヒント

コメント化しておく

前の章で追加したコードは、あとから利用するために、ここでは「/*」と「*/」を追加して、いったんコメント化しています。

4 いったんツールバーの ■ [停止]をクリックしてアプリを停止し、ツールバーの ▶ [実行] ボタンをクリックする。

結果 おみくじアプリが実行されて、レイアウトした画面が表示される。

バインディングクラス

手順❷では、OmikujiActivityクラスに、bindingという**プロパティ**を追加しています。第3章では、ローカル変数としてbindingという変数を定義しましたが、他のメソッドでも利用するために、クラスのプロパティに変更しています。

なお、追加したbindingプロパティのデータ型は、OmikujiBindingというクラスとしています。このクラス、名前からわかるとおり、Android SDKに含まれているわけではありません。じつは、OmikujiBindingというクラスは、作成したレイアウトファイルのomikuji.xmlから、自動で生成されるクラス（**バインディングクラス**と呼ばれる）なのです。第3章でも少し触れたビューバインディングという機能で、自動生成されます。

バインディングクラスの名前

生成されるバインディングクラスの名前は、XMLファイル名を**キャメルケース**に変換したものに、Bindingという単語が追加されます。キャメルケースとは、複数の単語からなる名前の場合に、各単語の先頭を大文字にする規則です。たとえば、main_layout.xmlならMainLayoutBinding、activity_main.xmlならActivityMainBindingになります。先ほど追加したのは、omikuji.xmlなので、OmikujiBindingになったというわけです。

なお、キャメルケースでは、最初の単語の先頭は、大文字小文字の規定はありません。Kotlinでは、クラス名は大文字で始めることになっていますので、大文字に変換されます。

inflateメソッド

自動で生成されたOmikujiBindingクラスを利用するには、一般に、バインディングクラスで定義される、**inflateメソッド**という特殊なメソッドを利用してインスタンス化します。

lateinitキーワード

第6章でも説明しますが、コンストラクター内で初期化しない（できない）プロパティには、**lateinitキーワード**を追加します。ここでのbindingプロパティは、onCreate()メソッドでインスタンス化する必要があるため、lateinitキーワードを付加しています。

setContentView メソッド

手順❷では、バインディングクラスを、OmikujiBindingに変更しています。

```
binding = OmikujiBinding.inflate(layoutInflater)
setContentView(binding.root)
```

setContentViewメソッドは、Androidアプリの画面を設定するためのものです。このメソッドは、「引数に指定したレイアウト定義にしたがって画面をレイアウトしなさい」という意味になります。binding.rootは、レイアウトファイル全体を示します。

レイアウトファイルが反映されるしくみは、次のようなイメージです。

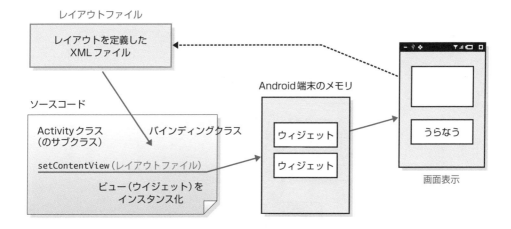

Activityクラスを受け継ぐ

ところで、このsetContentViewメソッドは、どのクラスのメソッドでしょうか。

これまで、OmikujiActivityクラスのメソッドにコードを追加していますが、このクラスの定義は、OmikujiActivity.ktというファイルに書かれているコードがすべてです。setContentViewメソッドの定義は見当たりません。

じつは、setContentViewメソッドは、Android SDKに含まれる、**Activity**というクラスで定義されているメソッドなのです。では、なぜActivityクラスのメソッドが、Omikuji Activityクラスで使えるのでしょうか。

　それは、OmikujiActivityクラスが、Activityクラスを**継承**しているからなのです。クラスの継承（extends）とは、あるクラスを受け継いで、それを拡張するしくみです。クラスの継承は、次のように記述します。

構文 クラスを継承した宣言

```
class サブクラス名 extends スーパークラス名 {
}
```

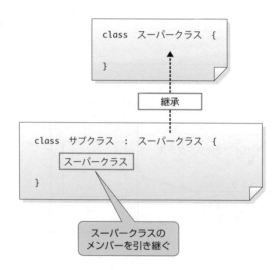

　通常のAndroidアプリでは、このActivityというクラスを継承して作るところから始まります。Activityクラスには、Androidアプリの基本機能があらかじめ定義されているため、ごくわずかなコードを追加するだけで、アプリとして実行できるようになっています。Omikuji Activityクラスでも、最初はonCreateメソッドの数行だけでした。

用 語

スーパークラスとサブクラス

継承元のクラスを**スーパークラス**または**基本クラス**と呼び、それを継承した新しいクラスを**サブクラス**、または**派生クラス**と呼びます。

クラスの継承関係

正確には、OmikujiActivityクラスは、Activityクラスを直接継承しているのではなく、Activityクラスの派生クラスであるAppCompatActivityクラスを継承しています。

Activityクラスとは

　Activityクラスは、基本機能が書かれたクラスであり、1つの画面を表すオブジェクトです。OmikujiActivityクラスのように、Activityクラスを継承したクラスが、アプリの画面を管理するオブジェクトとなります。じつは、アプリを起動する、ということは、このOmikujiActivityクラスがインスタンス化される、ということなのです。インスタンス化するのは、Androidのフレームワークです。いいかえれば、アプリの起動とは「AndroidのシステムがOmikujiActivityクラスをインスタンス化すること」になります。なお、このインスタンスのことを総称して、**Activityオブジェクト**や、単に**Activity**（アクティビティ）と呼ぶこともあります。

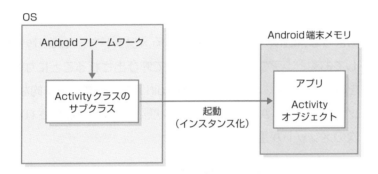

オーバーライドしたメソッドが実行される

　Activityクラスでは、アプリの起動時に、Androidのサブクラスのフレームワークから**onCreate**というメソッドが呼び出されるしくみになっています。また、OmikujiActivityクラスでも、onCreateメソッドが最初に実行されるメソッドです。これは、同じonCreateメソッドが、スーパークラスのActivityクラスで定義されているからです。Activityクラスを継承して、同じonCreateというメソッドを定義しておくと（これを**オーバーライド**と呼びます）、Activityを継承したクラスでも、onCreateメソッドが呼び出されるようになります。

　Activityクラスには、onCreateメソッドのように、ある特定の場合に呼び出されるメソッドがいくつか用意されています。たとえば、「アプリが表示される」、「アプリがバックグラウンドに移行して停止する」といったときに、決まったメソッドが呼び出されるのです。

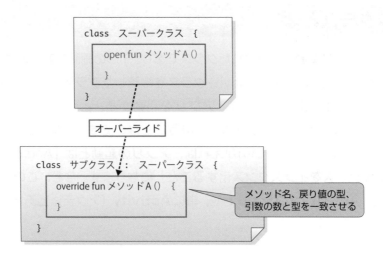

したがって、このようなActivityで定義されているメソッドを、Activityを継承したクラスでオーバーライドしておくと、アプリの状況に応じて呼び出されることになります。そうしたメソッドにコードを追加していく、というのがAndroidアプリ作成の基本的な流れになります。

onCreateメソッド以外にも、Androidアプリの状態によって呼び出されるメソッドがあります。なかでも、次のメソッドが重要です。

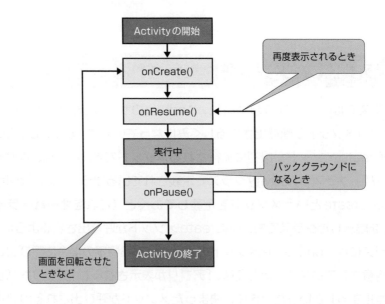

メソッド	呼び出されるタイミング
onCreate()	アプリが起動されたとき
onResume()	アプリが表示されるとき
onPause()	別のアプリが開始される等で一時停止になるとき

　Androidアプリでは、まずonCreateメソッドが呼び出されます。そして、画面に表示されるところで、**onResumeメソッド**が実行されます。別のアプリが開始されるなどして、バックグラウンドにまわるときには、**onPauseメソッド**が呼び出されます。その後、再び表示するときには、onResumeが呼び出されます。画面を回転するなどして、強制的に終了した場合は、またonCreateメソッドから始まります。

　なお、クラスのメソッドすべてがオーバーライドできるわけではありません。スーパークラスで、**openキーワード**をつけて定義したメソッドだけがオーバーライド可能です。また、サブクラスでは、オーバーライドしたメソッドには**overrideキーワード**が必要です。これらのキーワードがないと、コンパイルエラーになります。

　自動で生成されたOmikujiActivityクラスのonCreateメソッドにも、次のようにoverrideキーワードがついています。

```
override fun onCreate(savedInstanceState: Bundle?) {
    (中略)
}
```

ヒント

オーバーライドの条件

スーパークラスのメソッドをオーバーライドするには、同名のメソッドで、引数の型と個数、戻り値の型をまったく同じにする必要があります。

ボタンが押されたときに画像を変更しよう

5.3

おみくじアプリでは、おみくじの結果を画像で画面に表示するようにします。ボタンが押されたときに、その画像を表示するようにしてみましょう。

おみくじの結果を表示しよう

まず、おみくじ箱の画像を、おみくじの結果を示す画像に変更してみましょう。

1 Android Studioのテキストエディターで、OmikujiActivity.ktの「setContentView」で始まる行のあとで改行する。**binding.**と入力し、表示された候補から［imageView］を選択して**imageView**と入力する（色文字部分）。

```
override fun onCreate(savedInstanceState: Bundle?) {
    super.onCreate(savedInstanceState)
    binding = OmikujiBinding.inflate(layoutInflater)
    setContentView(binding.root)

    binding.imageView

    （中略）
}
```

2 続けて、.（ドット）を入力し、表示された候補から［setImageResource(resId: Int)］を選択して、()のなかに、次のように**R.drawable.result1**を入力する（色文字部分）。

```
override fun onCreate(savedInstanceState: Bundle?) {
    super.onCreate(savedInstanceState)
    binding = OmikujiBinding.inflate(layoutInflater)
    setContentView(binding.root)

    binding.imageView.setImageResource(R.drawable.result1)

    (中略)
}
```

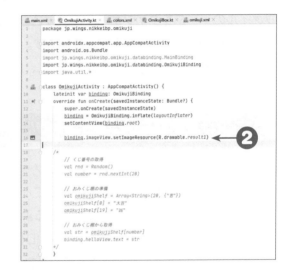

3 いったんツールバーの ■［停止］をクリックしてアプリを停止し、ツールバーの ▶［実行］ボタンをクリックする。

結果 おみくじアプリが実行されて、大吉の画像が表示される。

ヒント

定数の使い方

Rクラスは、各リソースを識別するリソースIDを**定数**として定義しています。このように定数は、ソースコードのなかで何度も使用する値などに用います。

画像を変更するには

　おみくじアプリでは、おみくじ箱の画像を、おみくじの結果にしたがって変更する必要があります。そこで、まずはレイアウトのとおりに表示している画像を、おみくじの結果を示す画像に変更します。画面の画像を変更するには、画像のImageViewウィジェットを指定して、**setImageResource**というメソッドを呼び出します。setImageResourceは、指定したリソースの画像を表示するメソッドです。ウィジェットのメソッドは、IDを指定するだけで、呼び出すことができます。

　setImageResourceメソッドは、引数として受け取った画像リソースのIDをもとに、画像ファイルのデータをウィジェットに読み込みます。ここでの引数は、R.drawable.result1という、画像のリソースIDを指定しています。このリソースIDは、Omikujiプロジェクトに画像ファイル「result1.png」を追加した際に、自動的に設定された値です。

バインディングクラスとリソースID

　バインディングクラスでは、文字列リソースや画像ファイルのリソースを識別する**リソースID**を使って、各リソースにアクセスすることができます。ただしこのIDも、キャメルケースに変換されて、プロパティとして参照できるようになります。

　追加したImageViewウィジェットのIDは、imageViewでしたので、そのままbinding.imageViewというプロパティで参照できます。

　なお、リソースIDは、R.javaというJavaのファイルで管理されていますが、このファイルは、リソースの追加を行うたびに、Android Studioが自動的に更新します。そのため、みなさんはあまり意識する必要はありません。リソースIDを、コードからどのように指定するのか、ということを覚えておきましょう。

　ここでは、リソースIDのしくみについて、かんたんに説明しておきます。R.javaファイルには、Rという名前のクラスが定義されています。Rクラスには、さらに、リソースの種類ごとに、drawableクラスやlayoutクラスなどのクラスが定義されています。リソースIDは、それらのクラスで、定数として定義されています。そのため、R.drawable.result1という具合に指定できます。Rクラスのメンバーであるdrawableクラスのresult1、ということです。

ボタンの属性を変更しよう

次に、ボタンが押されたときにコードが実行されるようにしてみましょう。まずボタンの属性に、呼び出されるメソッド名を設定します。

1 Android Studioのプロジェクトビューで、[res]－[layoput]配下にある[omikuji.xml]をダブルクリックする。

結果▶ デザインビューが表示される。

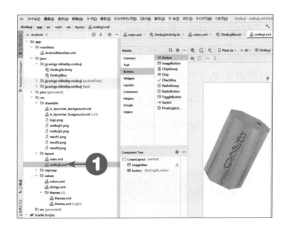

2 [うらなう]ボタンをクリックして選択する。

結果▶ [Attributes]ウィンドウに、ボタンの属性が表示される。

3 [Attributes]ウィンドウをスクロールし、[All Attributes]欄にある[onClick]の右側の入力欄に**onButtonClick**と入力し、Tabキーを押す。

結果▶ メソッド名として「onButtonClick」が設定される。

イベントハンドラーとは

　イベントとは、「画面をタッチした」、「アプリが起動した」といったような、プログラムのコードの順番とは関係なく発生する事象のことです。ここでは、画面に表示しているボタンが押された場合のイベントを処理します。

　「ボタンが押された」というイベントを利用するためには、まずボタンの設定を行います。レイアウト定義に含まれるボタンの属性には、ボタンが押されたときに呼び出されるメソッドが指定できるようになっています。つまり、そのメソッドのなかに、ボタンが押されたときに実行したいコードを追加すればいいわけです。このような、イベントの発生の際に呼び出されるメソッドのことを、**イベントハンドラー**といいます。

ウィジェットの属性

　レイアウト定義では、配置するウィジェットそれぞれに対して、表示位置や表示内容などの設定を変更できます。このような設定のことを**属性**と呼びます。属性はデザインビューの［Attributes］ウィンドウに表示されます。

　手順❸では、ボタンの［Attributes］ウィンドウの［onClick］という項目に、「onButtonClick」というメソッド名を設定しています。こうすると、そのボタンが押されたときに、onButtonClickメソッドが実行されるようになります。

メソッドを追加しよう

　メソッドが実行される設定ができましたので、今度はそのメソッド本体のコードを追加してみましょう。メソッドは、OmikujiActivityクラスに追加します。

1　Android Studioのエディターの［OmikujiActivity.kt］タブをクリックする（またはプロジェクトビューで、［app］－［java］－［jp.wings.nikkeibp.omikuji］－［OmikujiActivity］をダブルクリックする）。

結果　OmikujiActivity.ktの内容が表示される。

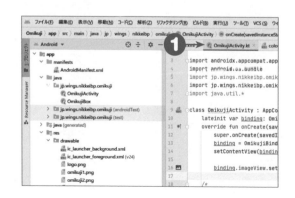

2 OmikujiActivity.ktに、onButtonClickメソッドを追加する（色文字部分）。コメント化された
コードの下の「}」のあとで改行し、**fun onButtonClick(v: View**と入力して、表示された候補から［View（android.view）］を選択する。

```
        override fun onCreate(savedInstanceState: Bundle?) {
        (中略)
/*
        // くじ番号の取得
        (中略)
*/
        }  ──── ここで改行する

        fun onButtonClick(v: View)
```

結果 ▶ 「View」と変換されて、「import android.view.View」の行が追加される。

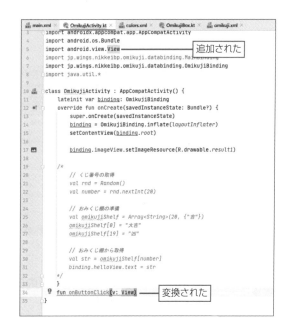

3 onButtonClickメソッドの残りのコードを入力する（色文字部分）。

```
        fun onButtonClick(v: View) {

        }
```

4 onCreateメソッドのコード（binding.
imageView.setImageResource 〜
の行）を選択する。

5 ［編集］メニューから［切り取り］を選択する。

結果 選択した行が切り取られる。

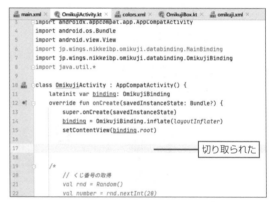

6 onButtonClickメソッドのブロック内にカーソルを置いて、［編集］メニューから［貼り付け］−［貼り付け］を選択する。

結果 切り取った行が貼り付けられる（色文字部分）。

```
fun onButtonClick(v:View){
    binding.imageView.setImageResource(R.drawable.result1)
}
```

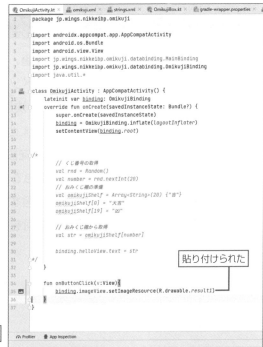

貼り付けられた

カーソルをこの行に置く

7 いったんツールバーの ■ ［停止］をクリックしてアプリを停止し、ツールバーの ▶ ［実行］ボタンをクリックする。

結果▶ おみくじアプリが実行されて、画面が表示される。

8 ［うらなう］ボタンをクリックする。

結果▶ 画面の画像が変更される。

 ヒント

onButtonClickメソッドの引数

onButtonClickメソッドの引数は、Viewというクラスの変数vとして宣言しています。今回追加したコードでは、この変数を使用していません。では、ボタンがクリックされてメソッドが実行されると、この変数の値は何になるのでしょうか。

じつは変数vは、押されたボタンのクラス（android.widget.Buttonクラス）のインスタンスとなっているのです。ボタンの情報を参照したり、表示文字列を変更するなどのButtonクラスのメソッドを実行する場合には、この変数を利用します。

ボタンから呼び出されるメソッド

　通常のメソッドであれば、名前や戻り値、メソッドの内容には規定がないので、自由に宣言することができます。ただしここでは、メソッドの名前は、ボタンの属性で指定したもの、戻り値はなし、引数はView型のもの1つと決められています。その規定にしたがっていないと、ボタンを押したときに正しく呼び出されません。

　じつは、属性の［onClick］にメソッドを設定すると、このような規定にしたがったメソッドを呼び出すコードが、自動で追加されるのです。そのため、たとえばonButtonClickという名前であっても、違う引数のメソッドを宣言すると、呼び出されなくなります。

　なお、ここでの「規定」とは具体的に何を指すのかは、次の章で説明します。

ヒント

イベントリスナー

イベントハンドラーは、イベント発生の際に呼び出される処理ですが、一方、イベントを検知してハンドラーを呼び出す側は、一般に、イベントリスナーと呼びます。詳しくは、第6章で説明します。

画像をアニメーションさせてみよう

ここでは、Android アプリのアニメーションを学びます。おみくじ箱の画像にアニメーションをつけてみましょう。

画像を移動させてみよう

ボタンをタッチしたらおみくじ箱が上下に動く、というアニメーションをつけてみましょう。

1 Android Studioのテキストエディターで、OmikujiActivity.ktのonButtonClickメソッドのコードをいったんコメント化する（色文字部分を追加）。

```
fun onButtonClick(v:View){
//    binding.imageView.setImageResource(R.drawable.result1)
}
```

2 次のコードを追加する（色文字部分）。import文を追加するために、最初の行では**val translate = trans**と入力したあとに、表示された候補から、[TranslateAnimation (android.view.animation)] を選択する。同様に、次の行では**animation**と入力したあとに、表示された候補から [Animation（android.view.animation）] を選択する。

```
fun onButtonClick(v:View){
    val translate = TranslateAnimation(0f, 0f, 0f, -200f)
    translate.repeatMode = Animation.REVERSE
    translate.repeatCount = 5
    translate.duration = 100
    binding.imageView.startAnimation(translate)

//    binding.imageView.setImageResource(R.drawable.result1)
}
```

結果 それぞれ「TranslateAnimation」と「Animation」に変換され、次の2行が追加される。

```
import android.view.animation.Animation
import android.view.animation.TranslateAnimation
```

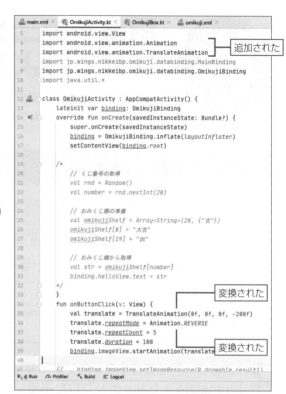

```
4    import android.os.Bundle
5    import android.view.View
6    import jp.wings.nikkeibp.omikuji.databinding.MainBinding
7    import jp.wings.nikkeibp.omikuji.databinding.OmikujiBinding
8    import java.util.*
10   class OmikujiActivity : AppCompatActivity() {
11       lateinit var binding: OmikujiBinding
12       override fun onCreate(savedInstanceState: Bundle?) {
13           super.onCreate(savedInstanceState)
14           binding = OmikujiBinding.inflate(layoutInflater)
15           setContentView(binding.root)
16
17       /*
18           // くじ番号の取得
19           val rnd = Random()
20           val number = rnd.nextInt(20)
21
22           // おみくじ棚の
23           val omikujiSh                transition
24           omikujiShelf[     ● translationMatrix(tx: Float = ..., ty: Float = ...
25           omikujiShelf[     ● Transient (kotlin.jvm)
26                             ● TransactionTooLargeException (android.os)
27           // おみくじ棚       ● Transaction (android.view.SurfaceControl)
28           val str = omi     ● TranslateAnimation (android.view.animation)    ←② 
29           binding.hello     ● TransferQueue<E> (java.util.concurrent)
30       */                   ● Transformer (javax.xml.transform)
31       }                    ● Transform (androidx.constraintlayout.widget.Constra
32       fun onButtonClick    ● TransformerConfigurationException (javax.xml.trans
33           val translate    ● TransformerException (javax.xml.transform)
34                            ● TransformerFactory (javax.xml.transform)
35       //    binding.imageView.setImageResource(R.drawable.result1)
36       }
```

```
21           val number = rnd.nextInt(20)
22
23           // おみくじ棚の準備       anim
24           val omikujiShelf = A   anim-ldrtl
25           omikujiShelf[0] = "    anim-v21
26           omikujiShelf[19] = "   anim-watch
27                                  animator
28           // おみくじ棚から取得       animator-v21
29           val str = omikujiShe  ● Animation (android.view.animation)    ←②
30           binding.helloView.te  ● AnimationSet (android.view.animation)
31       */                       ● AnimationUtils (android.view.animation)
32       }                        ● Animatable (android.graphics.drawable)
33       fun onButtonClick(v: Vi  ● Animatable2 (android.graphics.drawable)
34           val translate = Tran
35           translate.repeatMode = _anim
36
```

```
5    import android.view.View
6    import android.view.animation.Animation          ┐
7    import android.view.animation.TranslateAnimation ┘ 追加された
8    import jp.wings.nikkeibp.omikuji.databinding.MainBinding
9    import jp.wings.nikkeibp.omikuji.databinding.OmikujiBinding
10   import java.util.*
11
12   class OmikujiActivity : AppCompatActivity() {
13       lateinit var binding: OmikujiBinding
14       override fun onCreate(savedInstanceState: Bundle?) {
15           super.onCreate(savedInstanceState)
16           binding = OmikujiBinding.inflate(layoutInflater)
17           setContentView(binding.root)
18
19       /*
20           // くじ番号の取得
21           val rnd = Random()
22           val number = rnd.nextInt(20)
23
24           // おみくじ棚の準備
25           val omikujiShelf = Array<String>(20, {"吉"})
26           omikujiShelf[0] = "大吉"
27           omikujiShelf[19] = "凶"
28
29           // おみくじ棚から取得
30           val str = omikujiShelf[number]
31           binding.helloView.text = str
32       */                                             ┌ 変換された
33       }                                              │
34       fun onButtonClick(v: View) {                   ┘
35           val translate = TranslateAnimation(0f, 0f, 0f, -200f)
36           translate.repeatMode = Animation.REVERSE
37           translate.repeatCount = 5
38           translate.duration = 100                   ┌ 変換された
39           binding.imageView.startAnimation(translate ┘
40
41       //    binding.imageView.setImageResource(R.drawable.result1)
```

3 いったんツールバーの ■［停止］をクリックしてアプリを停止し、ツールバーの ▶［実行］ボタンをクリックする。

結果 おみくじアプリが表示される。

4 ［うらなう］ボタンをクリックする。

結果 おみくじ箱が上下に移動するアニメーションが表示される。

ヒント

エミュレーターでのアニメーション表示について

Androidエミュレーターを「Hyper-V」などの仮想マシン上で実行したり、Hyper-Vが有効にされている実環境上で実行すると、アニメーションが表示されない場合があります。仮想環境といっても、ハードウェアすべての機能を使えるわけではないためです。基本的にエミュレーターは、実環境で実行するようにしましょう。

Androidのアニメーション

Androidでは、いろいろな場面でアニメーションを利用しています。こうしたアニメーションは、アプリからも、かんたんに利用できるようになっています。ここでは、GUIウィジェットに対するアニメーションを学びます。

Androidでは、**Tweenアニメーション**と**Frameアニメーション**という2つの方法のアニメーションが可能です。Tweenアニメーションとは、1つの画像そのものを変化させるタイプです。Androidでは、画像の移動、フェード、回転、拡大縮小がサポートされています。一方のFrameアニメーションは、少しずつ異なる複数の画像を、順番に表示するアニメーションです。いわゆるパラパラ漫画のようなしくみです。

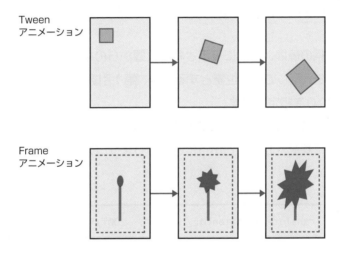

おみくじアプリでは、Tweenアニメーションを使ってみましょう。Tweenアニメーション用として、android.view.animationパッケージに、次のようなクラスが用意されています。

クラス名	概要
AlphaAnimation	透明度を変更する
RotateAnimation	回転する
ScaleAnimation	拡大・縮小を行う
TranslateAnimation	移動、変形を行う
AnimationSet	複数のアニメーションを合成する

これらのクラスは、アニメーションごとの設定を行うものです。実際にGUIウィジェットをアニメーションさせるには、GUIウィジェット(クラス)の**startAnimationメソッド**を用います。

ウィジェットを移動させる

TranslateAnimationクラスでは、GUIウィジェットを、ある位置から任意の位置に移動できます。移動の開始位置と終了位置は、TranslateAnimationクラスのコンストラクターで指定します。コンストラクターは、次のように定義されています。

構文 **TranslateAnimationクラスのコンストラクター**

```
<init>(fromXDelta: Float, toXDelta: Float, fromYDelta: Float, toYDelta: Float)

fromXDelta    開始X座標
toXDelta      終了X座標
fromYDelta    開始Y座標
toYDelta      終了Y座標
```

ここで指定する座標の値は、最初に表示された位置からの相対位置です。アニメーションを開始する位置を、現在表示している位置とするには、第1引数のfromXDelta、第3引数fromYDeltaに、それぞれ0を指定します。

したがって、手順❷で追加した最初のコードは、「表示している位置から、Y座標のみ200ピクセル分を上向きに移動させる」ということになります（X座標は、開始、終了とも0のままなので移動しない）。

```
val translate = TranslateAnimation(Øf, Øf, Øf, -2ØØf)
```

なおTranslateAnimationのコンストラクター4つの引数は、すべてFloat型で定義されているため、0や-200にはfをつけて、Float型を明示しています。

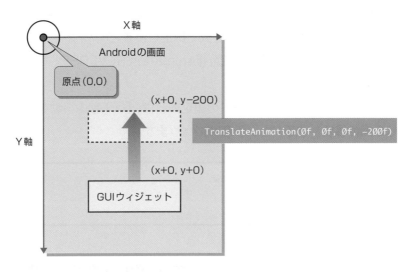

X軸

Androidの画面

原点 (0,0)

(x+0, y−200)

TranslateAnimation(0f, 0f, 0f, −200f)

Y軸

(x+0, y+0)

GUIウィジェット

ヒント

座標の原点と移動の向き

Androidアプリでは、座標を絶対座標で表す場合、原点を画面の一番左上とするのが決まりになっています。Y座標は、画面の一番上が0で、下に向かって正の値となります。そのため、Y座標をマイナスすると上向きに、プラスすると下向きの移動となります。

アニメーションの設定方法

コンストラクターでは基本的な設定しか行えませんが、さらに動作を細かく制御する共通のプロパティが用意されています。ここで使っているプロパティの意味は、次のようになります。

プロパティ	概要
duration	アニメーション時間
repeatCount	くりかえし回数
repeatMode	くりかえしモード

durationプロパティは、アニメーションをどれぐらいの時間で行うかを、ミリ秒単位で指定します。0を指定すると、アニメーションしません。

repeatCountプロパティは、アニメーションをくりかえす回数を指定します。デフォルトは0で、1回だけアニメーションします。1を指定すると2回になります。定数「Animation. INFINITE」を指定すると、無限にくりかえします。

repeatModeプロパティは、アニメーションをくりかえす場合に、単純にくりかえすのか、折り返すように反復してくりかえすのかを、定数で指定します。デフォルトの定数「Animation.RESTART」は単純なくりかえしを表し、定数「Animation.REVERSE」を指定すると、反復します。

　したがって、手順❷で追加した次のコードの設定内容は、「0.1秒の移動を3往復（最初の1回とくりかえし5回の移動）する」という意味になります。

```
translate.repeatMode = Animation.REVERSE
translate.repeatCount = 5
translate.duration = 100
```

アニメーションを開始する

　レイアウト定義で表示しているGUIウィジェットには、それぞれ対応するインスタンスが存在します。アニメーションは、おみくじ箱の画像に対して行いますので、ここでは、おみくじ箱のインスタンスが必要です。GUIウィジェットのインスタンスを利用するには、IDを指定します。

```
binding.imageView.startAnimation(translate)
```

　アニメーションを開始するには、ImageViewクラスのstartAnimationというメソッドを利用します。引数には、アニメーションを設定したTranslateAnimationクラスのインスタンスを指定します。

ヒント

ViewクラスとImageViewクラスの関係

ImageViewクラスは、Viewクラスを継承するウィジェットクラスです。同様のクラスには、テキストを表示するTextViewクラスや、そのサブクラスで、ボタンを表示するButtonクラスがあります。

アニメーションを合成してみよう

次に、別のアニメーションを追加してみます。Androidでは、複数のアニメーションを同時に実行することができます。

アニメーションを合成してみよう

今度は、AnimationSetというクラスを使って、2種類のアニメーションを合成してみましょう。

1 Android Studioのテキストエディターで、OmikujiActivity.ktのonButtonClickメソッドの内容を次のように変更する（色文字部分を追加・変更）。import文を追加するために、最初の行では**= rotate**と入力したあとに、表示された候補から［RotateAnimation (android.view.animation)］を選択する。同様に、4行目では**= anim**と入力したあとに、表示された候補から［AnimationSet (android.view.animation)］を選択する。

```kotlin
fun onButtonClick(v:View){
    val translate = TranslateAnimation(0f, 0f, 0f, -200f)
    （中略）
    translate.duration = 100

    val rotate = RotateAnimation(0f, -36f, ⟳
                    binding.imageView.width/2f, binding.imageView.height/2f)
    rotate.duration = 200

    val set = AnimationSet(true)
    set.addAnimation(rotate)
    set.addAnimation(translate)

    binding.imageView.startAnimation(set)

//    binding.imageView.setImageResource(R.drawable.result1)
}
```

結果 それぞれ「RotateAnimation」と「AnimationSet」に変換され、次の2行が追加される。

```kotlin
import android.view.animation.AnimationSet
import android.view.animation.RotateAnimation
```

```
23        val number = rnd.nextInt(20)
24
25        // おみくじ棚の準備
26        val omikujiShelf = Array<String>(20, {"吉"})
27        omikujiShelf[0] = "大吉"
28        omikujiShelf[19] = "凶"
29
30        // おみくじ棚から取得
31        val str  📁 anim
32        binding 📁 anim-ldrtl
33    */       📁 anim-v21
34    }         📁 anim-watch
35    fun onButto 📁 animator
36        val tra  📁 animator-v21
37        transla ⓒ Animation (android.view.animation)
38        transla ⓒ AnimationSet (android.view.animation)  ◀——①
39        transla ⓒ AnimationUtils (android.view.animation)
40                ⓘ Animatable (android.graphics.drawable)
41        val rot  ⓘ Animatable2 (android.graphics.drawable)
42        rotate   ⓘ Animatable (androidx.constraintlayout.motion.wide
43        val set = anim  Enter を押すと挿入、Tab を押すと置換します
44
45            binding.imageView.startAnimation(translate)
46
47    //      binding.imageView.setImageResource(R.drawable.result1)
48    }
```

```
📄 main.xml ×  ⓚ OmikujiActivity.kt ×  ⓚ OmikujiBox.kt ×  📄 omikuji.xml ×
1        package jp.wings.nikkeibp.omikuji
2
3      ┌import androidx.appcompat.app.AppCompatActivity
4      │ import android.os.Bundle
5      │ import android.view.View
6      │ import android.view.animation.Animation
7      │ import android.view.animation.AnimationSet ─────┐ 追加された
8      │ import android.view.animation.RotateAnimation  ─┘
9      │ import android.view.animation.TranslateAnimation
10     │ import jp.wings.nikkeibp.omikuji.databinding.MainBinding
11     │ import jp.wings.nikkeibp.omikuji.databinding.OmikujiBinding
12     └import java.util.*
13
14    🔹class OmikujiActivity : AppCompatActivity() {
15        lateinit var binding: OmikujiBinding
16   ◆┃  override fun onCreate(savedInstanceState: Bundle?) {
17            super.onCreate(savedInstanceState)
18            binding = OmikujiBinding.inflate(layoutInflater)
19            setContentView(binding.root)
20
21        /*
22            // くじ番号の取得
23            val rnd = Random()
24            val number = rnd.nextInt(20)
```

2 いったんツールバーの ■ ［停止］ をク
    リックしてアプリを停止し、ツールバーの
    ▶ ［実行］ ボタンをクリックする。

結果▶ おみくじアプリが表示される。

3 ［うらなう］ ボタンをクリックする。

結果▶ おみくじ箱が回転してから上下に移動するア
    ニメーションが表示される。

ウィジェットを回転させるには

RotateAnimationクラスを使うと、ウィジェットを回転させることができます。Rotate Animationクラスのコンストラクターに、開始時と終了時の角度、回転軸の座標を指定します。

構文 RotateAnimationクラスのコンストラクター

```
<init>(fromDegrees: Float, toDegrees: Float, pivotX: Float, pivotY: Float)

fromDegrees    開始時の角度
toDegrees      終了時の角度
pivotX         回転軸のX座標
pivotY         回転軸のY座標
```

開始時と終了時の角度は、正の値なら時計回り、負なら反時計周りの値となります。たとえば、開始角度を0、終了角度を90とすれば、時計回りに90度回転します（時計の12時から3時まで）。なお回転軸の座標は、回転するウィジェットの左上を原点とした、相対座標で指定します。

手順❶のコードでは、画像の中心を回転軸にして、0度から-36度にかけて回転するように指定しています。また画像の中心座標を求めるために、width、heightというプロパティを使って、画像の幅と高さを取得しています。

```
val rotate = RotateAnimation(0f, -36f, imageView.width/2f, imageView.height/2f)
```

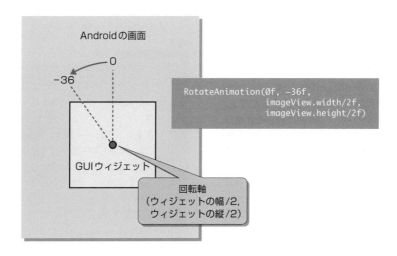

アニメーションを束ねるには

AnimationSetクラスを使うと、複数のアニメーションを合成できます。

AnimationSetの使い方はかんたんです。インスタンスを生成したあとに、addAnimationメソッドで、アニメーションの設定クラスを追加します。そして、startAnimationメソッドでは、個別のアニメーションではなく、AnimationSetのインスタンスを指定します。

手順❶のコードでは、次のようになっています。変数rotateは回転、変数translateは移動のアニメーションを示しています。

```
val set = AnimationSet(true)
set.addAnimation(rotate)
set.addAnimation(translate)

binding.imageView.startAnimation(set)
```

なお、AnimationSetのコンストラクターには、trueかfalseを指定します。これは、Interpolatorと呼ばれる補間処理の制御に関するものですが、Interpolatorは使用していないので、trueでもfalseでも動作に変わりありません。

用語

Interpolator（インターポレータ）

Interpolator（インターポレータ）とは、アニメーションの動きを補間するオブジェクトのことです。コードでは、アニメーションの最初と最後の状態しか指定していません。アニメーションの途中の動きは、クラスのなかであらかじめ決められているのですが、Interpolatorを使うと、その動きに変化（たとえば、途中で加速するなど）を加えることができます。Interpolatorは、アニメーションそれぞれ、またはAnimationSetで設定可能です。AnimationSetのコンストラクターで指定するのは、どちらのInterpolatorを使うのか、という設定です。

ヒント

アニメーションを遅らせて実行する

AnimationSetを使ってアニメーションを合成すると、複数のアニメーションが同時に実行されます。同時ではなく、アニメーションを順に行いたいなどの場合には、startOffsetプロパティを使うと、任意のアニメーションの開始を遅らせることができます。ただし、くりかえし設定がある場合には、その都度、設定した時間だけ待機することになります。たとえば、本文のサンプルコードであれば、translate.startOffset ＝ 300とすると、上下に移動するアニメーションがギクシャクした動きになります。

Androidアプリのアイコン

　Androidアプリでは、ホーム画面に表示されるランチャーアイコンをはじめ、メ
ニューとともに表示されるメニューアイコンなど、さまざまな部分でアイコンを表示
することができます。本書のアプリでは、アイコンはデフォルトのままにしましたが、
独自のアイコンに変更することもできます。アイコン画像は、Android Studioに含
まれるImage Asset Studioというツールを使えば、かんたんに作成することがで
きます。

　Android Studioで［ファイル］メニューの［新規］−［Image Asset］を選択す
ると、ツールが起動し、[Configure Image Asset] ダイアログが表示されます。
ベースとなる画像やテキストを選択するだけで、規定のアイコンの画像ファイルが作
成できます。

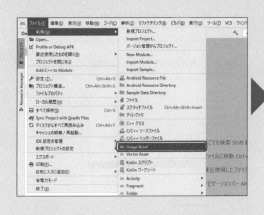
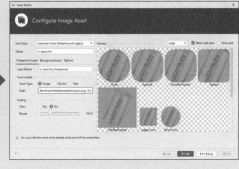

～ もう一度確認しよう！～　チェック項目

☐ 画面をレイアウトする方法はわかりましたか？

☐ レイアウトファイルの指定はわかりましたか？

☐ Activityクラスについて理解しましたか？

☐ 継承とオーバーライドはわかりましたか？

☐ 画像ファイルの表示はわかりましたか？

☐ イベントについて理解しましたか？

☐ アニメーション処理はわかりましたか？

サンプルプロジェクトの読み込み方

本書のサンプルファイルのプロジェクトをAndroid Studioで開くには、次の手順でプロジェクトを読み込みます。

1 Android Studio を起動する。

結果 [Android Studio へようこそ] 画面が表示される。

2 [Open] をクリックする。

結果 [ファイルまたはプロジェクトを開く] ダイアログが表示される。

3 ダウンロードしたサンプルファイルのフォルダーを開き、[Omikuji]フォルダーを選択して、[OK] ボタンをクリックする。

結果 プロジェクトが読み込まれる。

なお、すでにAndroid Studioを起動してプロジェクトを開いている場合は、[ファイル] メニューから [Open] を選択し、[ファイルまたはプロジェクトを開く] ダイアログで手順❸と同様にフォルダーを選択すれば、プロジェクトを読み込むことができます。

アプリを完成
させよう

この章では、「イベント」というしくみを利用して、ア
ニメーションの終了や画面へのタッチを判断する処理
を学びます。また、おみくじアプリのパーツとなるク
ラスを拡張して、おみくじアプリを完成させましょう。

この章で学ぶこと

この章では、おみくじ箱の画像やおみくじの内容を管理するために、プロパティの追加や新たなクラスの作成を行います。また、「イベント」というしくみを利用して、アニメーションの終了や画面へのタッチを判断する機能を追加します。

- おみくじ箱の画像を操作するプロパティの追加
- おみくじ箱クラスに shake メソッドの追加
- アニメーション終了を知らせるイベントの処理
- おみくじの内容を管理する OmikujiParts クラスの作成
- タッチイベントの処理

その過程を通して、この章では、次のような内容を学習します。

- イベントの処理方法
- インターフェースのしくみ
- プロパティの初期化
- 配列の使い方

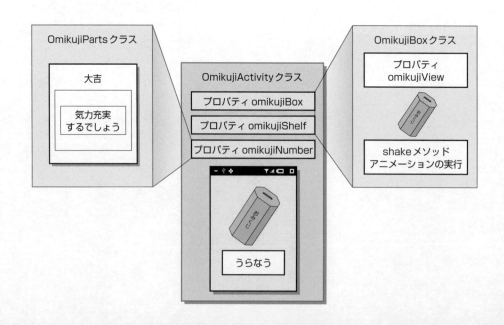

おみくじ箱のクラスを作ろう

6.1

ここでは第4章で作成したクラスを拡張しましょう。おみくじ箱の画像を示すプロパティや、画像を操作するメソッドを追加します。

クラスにプロパティを追加しよう

OmikujiBoxクラスに、おみくじ箱の画像を操作するためのプロパティを追加しましょう。

1 Android Studioのプロジェクトビューで、[app]−[java]−[jp.wings.nikkeibp.omikuji]−[OmikujiBox]をダブルクリックする。

結果 ▶ OmikujiBox.ktの内容が表示される。

2 OmikujiBoxクラスに、次のようにプロパティを追加する（色文字部分）。import文を追加するために、最初の行では**image**と入力したあとに、表示された候補から［ImageView (android.widget)］を選択する。

```
class OmikujiBox{
    lateinit var omikujiView: ImageView
    var finish = false  // 箱から出たか？
    val number : Int // くじ番号（0〜19の乱数）
    （中略）
}
```

結果 ▶ 「image」が「ImageView」に変換され、「import android.widget.ImageView」の行が追加される。

lateinit キーワード

通常のプロパティは、コンストラクター内で初期化する必要があります。しかしその一方で、コンストラクター内ではなく、クラスの生成の後に初期化したい場合もあります。この omikujiView プロパティに設定したいオブジェクトは、OmikujiActivity でビューが作成された時点で生成されます。そのため、そのタイミングで、omikujiView プロパティの初期化を行うべきです。

このように、クラスのコンストラクター以外で初期化するプロパティとするためには、先頭に **lateinit** というキーワードをつけて定義します。

なお、finish プロパティは、おみくじ箱から棒がとび出したかどうかを判定するためのプロパティです。初期値の false は、まだ出ていないことを示しています。

shake メソッドを追加しよう

次に、おみくじ箱を振る処理として、shake メソッドを追加してみましょう。メソッドの内容は、onButtonClick メソッドで追加したアニメーションを実行する処理です。

1 Android Studio のテキストエディターで、OmikujiBox クラスの最後に、次のように shake メソッドを追加する（色文字部分）。

```
class OmikujiBox {
    (中略)

    fun shake() {

    }
}
```

2 エディターの［OmikujiActivity.kt］タブをクリックして、OmikujiActivity.kt の表示に切り替える。

3 OmikujiActivity クラスの onButtonClick メソッドにある、次のコードを選択する（色文字部分）。

```
fun onButtonClick(v:View){
    val translate = TranslateAnimation(0f, 0f, 0f, -200f)
    translate.repeatMode = Animation.REVERSE
    translate.repeatCount = 5
    translate.duration = 100
```

```
        val rotate = RotateAnimation(0f, -36f, ➋
                        binding.imageView.width/2f, binding.imageView.height/2f)
        rotate.duration = 200

        val set = AnimationSet(true)
        set.addAnimation(rotate)
        set.addAnimation(translate)

        binding.imageView.startAnimation(set)

        (中略)
    }
```

4 [編集] メニューから [コピー] を選択する。

結果 選択したコードがコピーされる。

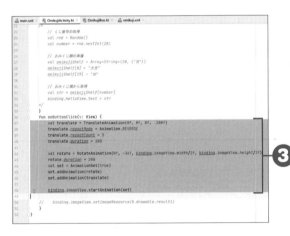

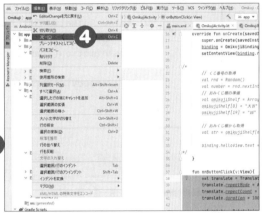

5 エディターの［OmikujiBox.kt］タブをクリックして、OmikujiBox.ktの表示に切り替える。

6 shakeメソッドのブロックのなかにカーソルがあることを確認して、［編集］メニューから
［貼り付け］-［貼り付け］を選択する。

結果 コピーされたコードが貼り付けられる（色文字部分）。

```
class OmikujiBox() {
    (中略)

    fun shake() {
        val translate = TranslateAnimation(0f, 0f, 0f, -200f)
        translate.repeatMode = Animation.REVERSE
        translate.repeatCount = 5
        translate.duration = 100

        val rotate = RotateAnimation(0f, -36f, ➡
                        binding.imageView.width/2f, binding.imageView.height/2f)
        rotate.duration = 200

        val set = AnimationSet(true)
        set.addAnimation(rotate)
        set.addAnimation(translate)

        binding.imageView.startAnimation(set)
    }
}
```

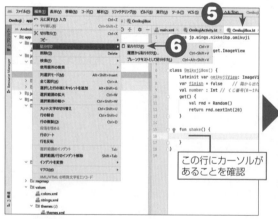

この行にカーソルが
あることを確認

貼り付けられた

7 赤文字で表示されているbindingを含む「binding.imageView」を「omikujiView」に書き換える（色文字部分、3カ所）。

```kotlin
class OmikujiBox {
    (中略)

    fun shake() {
        val translate = TranslateAnimation(0f, 0f, 0f, -200f)
        translate.repeatMode = Animation.REVERSE
        translate.repeatCount = 5
        translate.duration = 100

        val rotate = RotateAnimation(0f, -36f, ➡
                        omikujiView.width/2f, omikujiView.height/2f)
        rotate.duration = 200

        val set = AnimationSet(true)
        set.addAnimation(rotate)
        set.addAnimation(translate)

        omikujiView.startAnimation(set)
    }
}
```

ヒント

Android DevelopersのYouTubeチャンネル

この数年でYouTube動画の利用者やアップロード数が飛躍的に増加しています。Android Developersの公式YouTubeチャンネルもあります（https://www.youtube.com/user/AndroidDevelopers）。登録者数は、本書執筆時点で99万人になっています。ただ残念ながら、音声は英語のみとなっているようです。

OmikujiBoxクラスを利用しよう

OmikujiActivityクラスのコードを、OmikujiBoxクラスを利用するように変更します。

1 エディターの［OmikujiActivity.kt］タブをクリックして、OmikujiActivity.ktの表示に切り替える。

2 OmikujiActivityクラスに、OmikujiBoxクラスのインスタンスを格納するためのプロパティと、クラスのプロパティを初期化するコードを追加する（色文字部分）。

```
class OmikujiActivity : AppCompatActivity() {

    val omikujiBox = OmikujiBox()

    lateinit var binding: OmikujiBinding
    override fun onCreate(savedInstanceState: Bundle?) {
        super.onCreate(savedInstanceState)
        binding = OmikujiBinding.inflate(layoutInflater)
        setContentView(binding.root)

        omikujiBox.omikujiView = binding.imageView

    （中略）

    }
}
```

3 onButtonClickメソッドのコードをコメント化して、新たにshakeメソッドの呼び出しを追加する（色文字部分）。

```
fun onButtonClick(v:View){

    omikujiBox.shake()

/*
    val translate = TranslateAnimation(0f, 0f, 0f, -200f)
    translate.repeatMode = Animation.REVERSE
    translate.repeatCount = 5
    translate.duration = 100

    val rotate = RotateAnimation(0f, -36f, ➲
                    binding.imageView.width/2f, binding.imageView.height/2f)
    rotate.duration = 200

    val set = AnimationSet(true)
    set.addAnimation(rotate)
    set.addAnimation(translate)
```

```
            binding.imageView.startAnimation(set)
*/
//          binding.imageView.setImageResource(R.drawable.result1)

        }
```

4 [コード] メニューから [インポートの最適化] を選択する。

結果 灰色で表示されていた、不要なimport文が削除される。

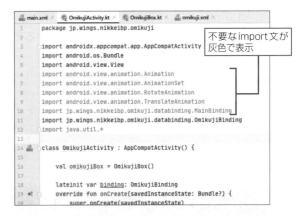

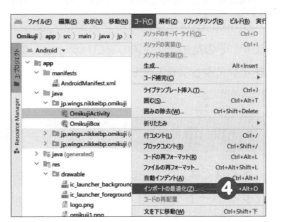

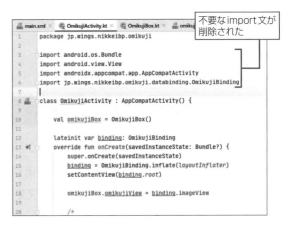

5 いったんツールバーの ■［停止］をク
リックしてアプリを停止し、ツールバー
の ▶［実行］ボタンをクリックする。

結果 おみくじアプリが表示される。

6 ［うらなう］ボタンをクリックする。

結果 おみくじ箱が回転してから上下に移動するア
ニメーションが表示される。

Omikujiクラスのインスタンスを格納するプロパティ

OmikujiBoxクラスのインスタンスは、OmikujiActivityクラスの複数のメソッドで利用し
ます。そのため、クラスのプロパティとしてomikujiBoxを宣言し、同時にOmikujiBoxクラス
をインスタンス化しています。

omikujiViewプロパティの初期化

手順❷では、onCreateメソッドに、omikujiBoxクラスのomikujiViewプロパティを初期
化するコードを追加しています。OmikujiBoxクラスが生成されるタイミングでは、まだ
imageViewオブジェクトが作成されていません。そのため、onCreateメソッドのset
ContentViewが実行されて、imageViewオブジェクトが作成されたあとに、omikujiView
プロパティを初期化しています。

OmikujiBoxクラスにコードを移動した理由

ここでは、前の章でOmikujiActivityクラスに追加したコードをOmikujiBoxクラスに移動
して、shakeメソッドの処理に替えています。おみくじ箱がアニメーションする処理は、おみ
くじ箱のクラスであるOmikujiBoxクラスで実行するほうがより自然であるからです。

shakeメソッドの内容は、onButtonClickメソッドで追加したものとほとんど同じです。異なるのは、画像のウィジェットのインスタンスを取得する代わりに、プロパティomikujiViewを利用する点だけです。

また、[うらなう] ボタンをクリックしたときに呼び出されるonButtonClickメソッドでは、OmikujiBoxクラスのshakeメソッドを実行するコードに変更しています。

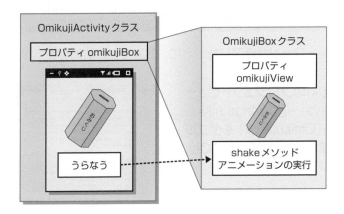

おみくじアプリで利用するクラス

本書で作成するおみくじアプリでは、次のクラスを利用します。

クラス	概要
OmikujiActivity	アプリの画面を管理するクラス
OmikujiBox	おみくじ箱の動作を行うクラス
OmikujiParts	おみくじの結果を示す画像と文言のリソースIDを保持するクラス

アプリのイベントを学ぼう

6.2

ここでは、Androidアプリにおいて重要な項目となる「イベント」について学びましょう。

アニメーションのイベントを捕らえよう

おみくじ箱のアニメーションが終了したあとに、おみくじの結果を表示するようにしましょう。

1 Android Studioのプロジェクトビューで、[app]－[java]－[jp.wings.nikkei bp.omikuji]－[OmikujiBox]をダブルクリックする（またはエディターの[OmikujiBox.kt]タブをクリックする）。

結果 OmikujiBox.ktの内容が表示される。

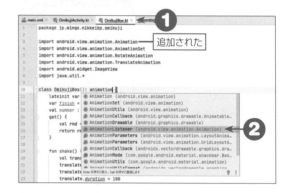

2 OmikujiBoxクラスの宣言を次のように変更する（色文字部分を追加）。import文を追加するために、: **animation**と入力したあとに、表示された候補から[AnimationListener (android.view.animation.Animation)]を選択する。

```
class OmikujiBox: Animation.AnimationListener {
    （中略）
}
```

結果 「Animation.AnimationListener」に変換され、「import android.view.animation.Animation」の行が追加される。

3 OmikujiBoxクラスで発生しているエラーを解消するために、赤い波線が引かれているOmikujiBoxクラスの宣言のところにマウスカーソルを重ねて右クリックし、表示されたメニューから[コード生成]を選択する。

結果 [生成]メニューが表示される。

4 表示されたメニューから［メソッドの実装］を選択する。

結果 ［メンバを実装する］ダイアログが表示される。

5 [Ctrl]キーを押しながらすべてのメソッドをクリックして選択し、［OK］ボタンをクリックする。

結果 次の3つのメソッドが追加される。

```
override fun onAnimationStart(p0: Animation?) {
    TODO("not implemented")
}

override fun onAnimationEnd(p0: Animation?) {
    TODO("not implemented")
}

override fun onAnimationRepeat(p0: Animation?) {
    TODO("not implemented")
}
```

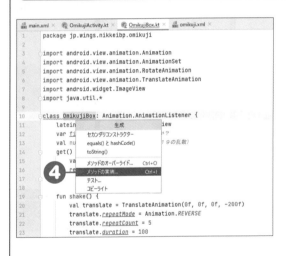

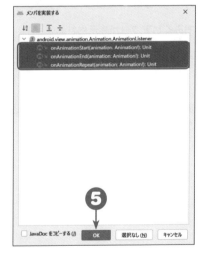

6 アニメーション終了時に呼び出されるonAnimationEndメソッドを、次のコードに変更する（色文字部分）。また、onAnimationStart、onAnimationRepeatメソッドのTODOの行を削除する。

```
override fun onAnimationStart(p0: Animation?) {
}

override fun onAnimationEnd(p0: Animation?) {
    omikujiView.setImageResource(R.drawable.omikuji2)
    finish = true
```

```
    }

    override fun onAnimationRepeat(p0: Animation?) {
    }
```

7 OmikujiBoxクラスのshakeメソッドに、イベントリスナーを設定するsetAnimation
Listenerメソッドの呼び出しを追加する（色文字部分）。

```
fun shake() {
    （中略）
    set.addAnimation(translate)

    set.setAnimationListener(this)

    omikujiView.startAnimation(set)
}
```

8 いったんツールバーの ■ ［停止］をク
リックしてアプリを停止し、ツールバー
の ▶ ［実行］ボタンをクリックする。

結果 おみくじアプリが表示される。

9 ［うらなう］ボタンをクリックする。

結果 おみくじ箱のアニメーション後、おみくじ棒
が飛び出した絵に変わる。

インターフェースを実装する

　JavaやKotlinでは、イベントを捕らえるしくみとして、**インターフェース**という機能を利
用します。インターフェースの構文は、次のようになります。

```
class クラス名 ： インターフェース名 {
    インターフェースで定義しているメソッドの実装
}
```

　一般には、インターフェース（interface：境界面や接点という意味）とは、ハードウェアやソフトウェアで、互いに情報をやり取りする際の「規格」や「取り決め」といった意味となります。インターフェースは、テレビとリモコンの関係に似ています。「チャンネル切り替え」などのテレビの操作方法は機種によって異なりますが、リモコンという共通の「インターフェース」をつければ、どんなテレビも同じように操作することができます。

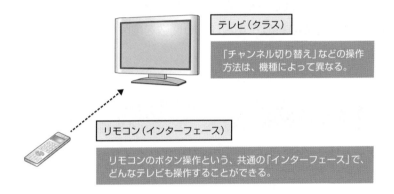

テレビ（クラス）

「チャンネル切り替え」などの操作方法は、機種によって異なる。

リモコン（インターフェース）

リモコンのボタン操作という、共通の「インターフェース」で、どんなテレビも操作することができる。

　ここでのインターフェースは、クラスに対する操作の「規格」や「取り決め」という意味となります。「規格」や「取り決め」は、メソッドの仕様（メソッド名、戻り値の型、引数）です。手順❷では、次のようにOmikujiBoxクラスの宣言を変更しました。

```
class OmikujiBox: Animation.AnimationListener {
    （中略）
}
```

　これは、「OmikujiBoxクラスは、AnimationListenerというインターフェースを**実装して**いる」という意味となります。AnimationListenerインターフェースには、次の「on」で始まる3つのメソッドの仕様が定義されています。

メソッド	イベントのタイミング
onAnimationStart	アニメーションが開始されるとき
onAnimationEnd	アニメーションが終了したとき
onAnimationRepeat	アニメーションがくりかえされるとき

　インターフェースで定義されているメソッドは、すべてを実装する必要があるため、OmikujiBoxクラスでは、この3つすべてのメソッドの中身を記述しています。このようにインターフェースの実体を記述することを、**インターフェースを実装する**といいます。ただ実際には、onAnimationEndメソッドだけにコードを追加して、ほかは空のメソッドとしています。これでも文法的には、すべてのメソッドを実装したことになります。

　なお、手順❻では、自動で生成されたTODO関数を削除しています。TODO関数は、メソッドの実装漏れを防止するためのものです。TODO関数を削除しないと、特別な例外が発生し、プログラムが停止します。

イベントリスナーの設定

　イベントリスナーとは、イベントによって呼び出されるメソッドを実装したオブジェクトのことです。

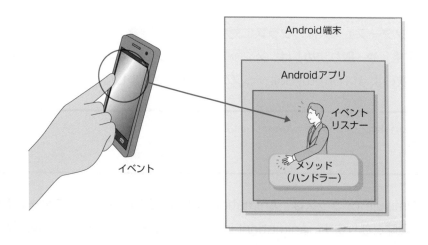

　ただし、AnimationListenerインターフェースを実装するだけでは、イベントリスナーとはなりません。アニメーションのイベントを捕らえるためには、setAnimationListenerというメソッドの実行が必要です。これは、アニメーションクラスにあるメソッドで、AnimationListenerインターフェースを実装したオブジェクトを指定すると、アニメーションの状況に

応じて、3つのメソッドのいずれかを呼び出すように設定されます。

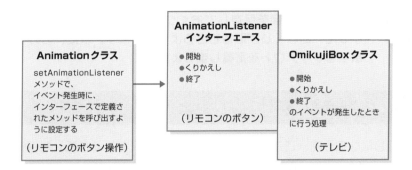

setAnimationListener メソッドの引数には、イベントリスナーのインターフェースを実装したオブジェクトを指定します。手順❼で追加したコードでは、OmikujiBox クラスのインスタンスを示す this を指定しています。この this は、クラスの現在のインスタンスを示しています。クラスのなかで、自分のインスタンスを参照する場合に用います。

```
set.setAnimationListener(this)
```

Omikuji クラスに追加したイベントリスナーによるイベント処理は、Activity クラスの on Create メソッドのしくみと似ています。ただ onCreate メソッドの場合は、イベントに応じて特定のメソッドが呼び出されるというしくみが、Activity クラスと一体になっています。そのため、どんなクラスでも利用できるわけではありません。しかしインターフェースでは、メソッドを呼び出す仕様が決まっているだけで、実装は決まっていません。つまり、インターフェースという目印があれば、どのようなクラスでもイベントを捕らえることができる、というわけです。

 ヒント

ボタンクリックのイベント処理

第5章では、[うらなう] ボタンがクリックされたときに呼び出される onButtonClick メソッドを、レイアウトファイルに記述しています。これは内部的には、インターフェースを実装するコードに変換されます。Android Studio によって、簡略したコードで処理できるようになっているのです。

アニメーションが終了したときの処理

アニメーションの終了イベントで呼び出される onAnimationEnd メソッドでは、おみくじ箱の画像を変更するコードを追加しています。setImageResource メソッドを使って、おみくじ箱の画像から、おみくじ棒が飛び出した画像にしています。

6.3 おみくじの内容を表示しよう

おみくじの内容を保存しておくクラスを追加して、おみくじ番号にしたがった、おみくじが取得できるようにします。また、おみくじの運勢を表示するレイアウトを定義しましょう。

おみくじの内容をクラスにしてみよう

実際のおみくじにならって、ここでは、おみくじの内容（おみくじ紙）を保管するものを考えます。まずは、おみくじの内容をクラスに置き換えてみましょう。

1 Android Studioのプロジェクトビューで、[jp.wings.nikkeibp.omikuji] を選択して右クリックし、表示されたメニューから [新規] − [Kotlin クラス/ファイル] を選択する。

結果▶ [新規Kotlin クラス/ファイル] ダイアログが表示される。

2 入力欄に**OmikujiParts**と入力し、その下の一覧から [クラス] を選択して[Enter]キーを押す。

結果▶ OmikujiPartsクラスが作成され、表示される。

```
package jp.wings.nikkeibp.omikuji

class OmikujiParts {
}
```

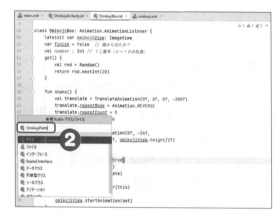

3 OmikujiPartsクラスを、次のように変更する（色文字部分）。行末の「{」と、次の行の先頭の「}」は削除する。

```
package jp.wings.nikkeibp.omikuji

data class OmikujiParts(var drawID: Int, var fortuneID: Int)
```

OmikujiPartsクラスとは

　ここでは、新規にOmikujiPartsというクラスを作成しています。ただしクラスといっても、おみくじのデータを保存するためだけのクラスです。

　Kotlinでは、このようにデータを保存するだけで、他の処理を定義しないクラスを作成する場合、**データクラス**として作成します。

　データクラスの定義は、classキーワードの前に、**dataキーワード**をつけます。そして、コンストラクターとして、プロパティを定義します。

　OmikujiPartsクラスの2つのプロパティのうち、1つは画像のリソースIDを保管するための変数です。もう1つは、運勢の文言を示す文字列リソースのIDを保持する変数としています。

おみくじの運勢を表す文言を作成しよう

　次に、運勢を表す文言を、文字列リソースとして作成してみましょう。

1 Android Studioのプロジェクトビューで、[res]-[values]-[strings.xml]をダブルクリックする。

結果 strings.xmlの内容が表示される。

2 「Edit translations for all locales in the translations editor.」と書かれた行の右端にある [Open editor] リンクをクリックする。

結果 Translations Editorが開き、strings.xmlの内容が表示される。

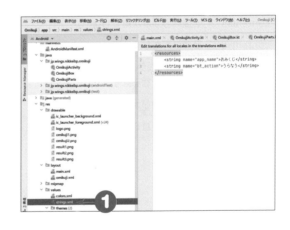

ヒント

Translations Editor

Translations Editorは、Android Studioに組み込まれている文字列リソース編集ツールです。このツールを利用すると、複数の言語での文字列リソースを、かんたんに作成、編集することができます。

3 Translations Editorの左上にある [＋] をクリックする。

結果▶ [Add Key] ダイアログが表示される。

4 [Key]欄に **contents1**、[Default Value] 欄に **良縁が持ち込まれるでしょう。** と入力して、[OK] ボタンをクリックする。

結果▶ 入力した文字列が追加される。

5 手順❸〜❹をくりかえし、文字列リソースに次の要素を追加する。

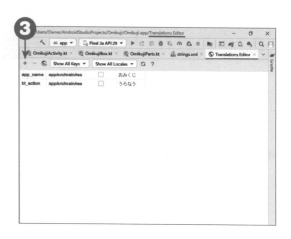

[Key] 欄	[Default Value] 欄
contents2	金運は非常に良く、思わぬ収入がありそう。
contents3	気力充実するでしょう。
contents4	金運向上の兆しがありますがムダ遣いは控えましょう。
contents5	恋愛は心がけ次第でしょう。
contents6	健康は可もなく不可もありません。
contents7	金運は、ボランティア活動が上昇のきっかけになるはず。
contents8	恋愛は辛抱が大事です。
contents9	寝不足に注意しましょう。

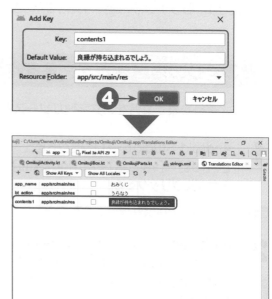

 ヒント

運勢の文言

ここではサンプルとして、contents1 から contents9 までの文言を追加しています。文言の内容は自由にアレンジしてください。

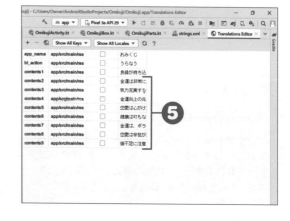

おみくじの結果を表示しよう

ここでは、おみくじ紙を表示するためのレイアウト定義を行いましょう。

1 Android Studioのプロジェクトビューで、[res]−[layout]を選択して右クリックし、表示されたメニューから [新規]−[Layout Resource File] を選択する。

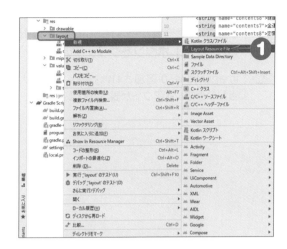

結果▶ [New Resource File] ダイアログが表示される。

2 次の項目を設定する。そのほかの項目は初期値のままにして、[OK] ボタンをクリックする。

項目	設定値
[File name]	**fortune**と入力
[Root element]	**RelativeLayout**と入力

結果▶ fortune.xmlが作成され、その内容がデザインビューで表示される。

ヒント

RelativeLayoutを利用する

手順❷では、おみくじ紙の画像と、運勢の文字列を重ねて表示するために、RelativeLayoutを設定しています。運勢文言の領域は、画面の中央に表示する設定と、おみくじの紙の内側からはみださないような、横幅のサイズを設定しています。

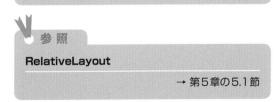
参照

RelativeLayout

→ 第5章の5.1節

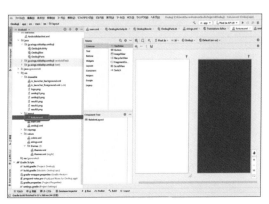

3 パレットの［Common］から［Image
View］をクリックしてレイアウト画面の
中心付近にドロップする。

結果 ▶ ［Pick a Resource］ダイアログが表示される。

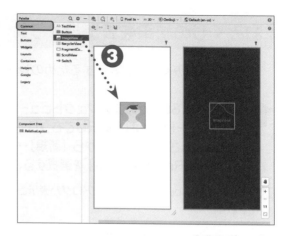

4 表示された一覧から［result1］を選択
して、［OK］ボタンをクリックする。

結果 ▶ imageView2が追加され、おみくじ紙（大
吉）の画像レイアウトが表示される。

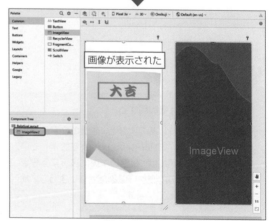

5　[Attributes] ウィンドウで [All Attributes] 欄にある [layout_center InParent] の [－] をクリックする。

結果　[layout_centerHorizontal] と [layout_centerVertical] 欄にチェックが入り、true が入力される。

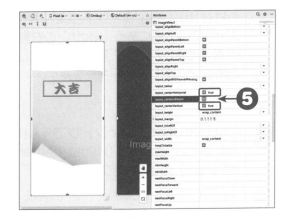

6　パレットの [Common] から [Text View] をクリックしてレイアウト画面の中心付近にドロップする。

結果　textView がレイアウト画面に配置される。

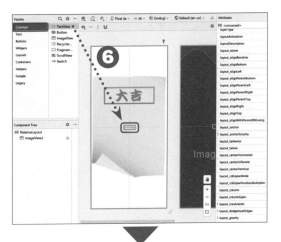

7 [Attributes] ウィンドウで [All Attributes] 欄にある [width] の右側の欄をクリックして入力状態にし、**200dp** と入力して Enter キーを押す。

結果 ▶ textView がサイズ変更される。

8 [Attributes] ウィンドウで [All Attributes] 欄にある [layout_center InParent] の [ー] をクリックする。

結果 ▶ [layout_centerHorizontal] と [layout_centerVertical] 欄にチェックが入り、true が入力される。また、textView ウイジェットが中央に移動する。

サイズが変更された

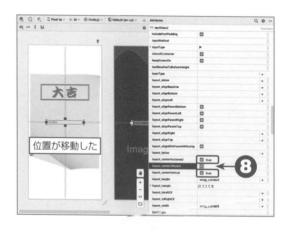

位置が移動した

ヒント

dp (dip、Density-independent Pixels)

dp とは、解像度に依存しない仮想的な1ピクセルあたりの長さの単位です。画面の解像度によって、物理的な値が変化します。ここでは、ウィジェットの横サイズの設定に使用しています。

おみくじ棚を準備しよう

6.4

第4章で学習した配列を利用して、OmikujiPartsオブジェクトを保管するようにしましょう。

おみくじ棚の配列を変更しよう

OmikujiPartsオブジェクトを配列に保管し、そこからおみくじの内容を取り出して、画面に表示するコードを追加してみましょう。

1 Android Studioのプロジェクトビューで、[app]−[java]−[jp.wings.nikkeibp.omikuji]−[OmikujiActivity]をダブルクリックする(またはエディターの[OmikujiActivity.kt] タブをクリックする)。

結果 OmikujiActivity.ktの内容が表示される。

2 OmikujiActivityクラスのプロパティとして、次のコードを追加する (色文字部分)。OmikujiPartsクラスを格納するための配列を宣言し、領域を確保する。また、おみくじ番号の保管用に、プロパティを追加しておく。

```
class OmikujiActivity : AppCompatActivity() {

    // おみくじ棚の配列
    val omikujiShelf = Array<OmikujiParts>(20)
        { OmikujiParts(R.drawable.result2, R.string.contents1) }

    // おみくじ番号保管用
    var omikujiNumber = -1

    val omikujiBox = OmikujiBox()

    (中略)
}
```

3 OmikujiActivityクラスのonCreateメソッドに、次のコードを追加する (色文字部分)。

```
override fun onCreate(savedInstanceState: Bundle?) {
    super.onCreate(savedInstanceState)
    binding = OmikujiBinding.inflate(layoutInflater)
    setContentView(binding.root)
```

```
omikujiBox.omikujiView = binding.imageView

// おみくじ棚の準備
omikujiShelf[0].drawID = R.drawable.result1
omikujiShelf[0].fortuneID = R.string.contents2

omikujiShelf[1].drawID = R.drawable.result3
omikujiShelf[1].fortuneID = R.string.contents9

omikujiShelf[2].fortuneID = R.string.contents3
omikujiShelf[3].fortuneID = R.string.contents4
omikujiShelf[4].fortuneID = R.string.contents5
omikujiShelf[5].fortuneID = R.string.contents6

（中略）
}
```

4 OmikujiActivityクラスに、次のようにdrawResultメソッドを追加する（色文字部分）。import文を追加するために、FortuneBindingは**= fortune**と入力したあとに、表示された候補から［FortuneBinding(jp.wings.nikkeibp.omikuji.databinding)］を選択する。

```
fun onButtonClick(v:View) {
    （中略）
}

fun drawResult() {

    // おみくじ番号を取得する
    omikujiNumber = omikujiBox.number

    // おみくじ棚の配列から、omikujiPartsを取得する
    val op = omikujiShelf[omikujiNumber]

    // レイアウトを運勢表示に変更する
    val fortuneBinding = FortuneBinding.inflate(layoutInflater)
    setContentView(fortuneBinding.root)

    // 画像とテキストを変更する
    fortuneBinding.imageView2.setImageResource(op.drawID)
    fortuneBinding.textView.setText(op.fortuneID)
}
```

結果 「fortune」が「FortuneBinding」に変換され、次の行が追加される。

```
import jp.wings.nikkeibp.omikuji.databinding.FortuneBinding
```

```
72   fun drawResult() {
73       // おみくじ番号を取得する
74       omikujiNumber = omikujiBox.number
76
77       // おみくじ棚の配列から、omikujiPartsを取得する
78       val op = omikujiShelf[omikujiNumber]
79
80       // レイアウトを運勢表示に変更する
81       val fortuneBinding = fortune
82       ⓕ FortuneBinding (jp.wings.nikkeibp.omikuji.databinding)  ④
83       // 画像とテキストを変更  Enterを押すと挿入、Tabを押すと置換します
84   }
85
```

```
main.xml ×   ⓚ OmikujiActivity.kt ×   ⓚ OmikujiBox.kt ×   ⓚ OmikujiParts.kt ×   strings.xml ×   ⓒ Translations Editor ×
1    package jp.wings.nikkeibp.omikuji
2
3    import android.os.Bundle
4    import android.view.View
5    import androidx.appcompat.app.AppCompatActivity
6    import jp.wings.nikkeibp.omikuji.databinding.FortuneBinding       追加された
7    import jp.wings.nikkeibp.omikuji.databinding.OmikujiBinding
8
9    class OmikujiActivity : AppCompatActivity() {
10
11       // おみくじ棚の配列
12       val omikujiShelf = Array<OmikujiParts>(20)
13           { OmikujiParts(R.drawable.result2, R.string.contents1) }
14
```

おみくじ棚を準備する

　ここで追加したコードは、第4章で追加したコードを少し変更したものです。第4章では、おみくじ棚の準備として、String型の配列を用意しましたが、ここでは、代わりにOmikujiPartsクラスを使っています。

```
val omikujiShelf = Array<OmikujiParts>(20)
    { OmikujiParts(R.drawable.result2, R.string.contents1) }
```

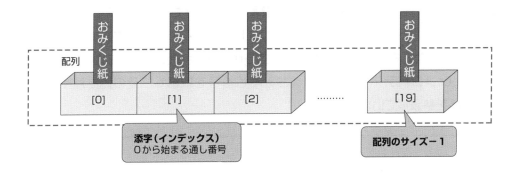

配列

[0]　[1]　[2]　………　[19]

添字（インデックス）
0から始まる通し番号

配列のサイズー1

　初期化処理も、文字列を直接代入するのではなく、OmikujiPartsクラスのコンストラクターを使ってインスタンス化を行い、それを代入しています。

おみくじを選択して表示する

　手順❸のコードでは、初期化した配列omikujiShelfの内容を、一部上書きして変更しています。

```
omikujiShelf[0].drawID = R.drawable.result1
omikujiShelf[0].fortuneID = R.string.contents2

omikujiShelf[1].drawID = R.drawable.result3
omikujiShelf[1].fortuneID = R.string.contents9

omikujiShelf[2].fortuneID = R.string.contents3
omikujiShelf[3].fortuneID = R.string.contents4
omikujiShelf[4].fortuneID = R.string.contents5
omikujiShelf[5].fortuneID = R.string.contents6
```

　ここでは、必要な分だけ（「大吉」と「凶」の、データと運勢の文言）、内容を上書きして書き換えています。配列omikujiShelfの要素は、「吉」の値で初期化されていますので、20個のうち最初の2つが「大吉」と「凶」、残りの18個が「吉」の配列となったわけです。また、文言を変更するために、一部のfortuneIDを書き換えています（もちろんすべて変更してもかまいません）。この配列から、おみくじとして、1つだけ選択するようにします。

　手順❹で追加した、おみくじの結果を表示するdrawResultメソッドでは、omikujiBoxクラスのnumberプロパティを参照して、おみくじ番号を取得し、その値を添字にして配列omikujiShelfを参照しています。

```
// おみくじ番号を取得する
omikujiNumber = omikujiBox.number

// おみくじ棚の配列から、omikujiPartsを取得する
val op = omikujiShelf[omikujiNumber]
```

　おみくじの内容は、OmikujiPartsのオブジェクトになっていますので、画像と運勢文のリソース文字列が求まります。次に、このIDにしたがって、ウィジェットの画像、テキストを変更しています。

```
// レイアウトを運勢表示に変更する
val fortuneBinding = FortuneBinding.inflate(layoutInflater)
setContentView(fortuneBinding.root)

// 画像とテキストを変更する
fortuneBinding.imageView2.setImageResource(op.drawID)
fortuneBinding.textView.setText(op.fortuneID)
```

　OmikujiPartsのオブジェクトが決まったあとは、setContentViewメソッドでレイアウトの切り替えを行います。ここでは、自動で生成されるバインディングクラスのFortuneBindingを利用しています。バインディングクラスのrootプロパティが、レイアウト本体を示します。レイアウトの切り替えによって、新たにGUIウィジェットが生成されます。

　画像の切り替えは、ImageViewクラスのsetImageResourceメソッドを用います。テキストの変更は、テキスト表示のウィジェットであるTextViewクラスのsetTextメソッドを用います。

参照

setContentViewメソッド

→ 第5章の5.2節

画面のタッチを処理しよう

6.5

アニメーションの後に画面をタッチすると、運勢が表示されるようにしましょう。

画面をタッチしたときのイベントを処理しよう

画面にタッチしたときに呼び出されるメソッドを、OmikujiActivityクラスに追加します。また、そのメソッドにdrawResultメソッドを呼び出すコードを追加してみましょう。

1 | Android Studioのテキストエディターに OmikujiActivity.ktが表示された状態で、[コード] メニューから [メソッドのオーバーライド] を選択する。

結果▶ [メンバーをオーバーライドする] ダイアログが表示される。

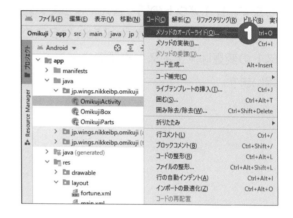

画面をタッチする操作

Android端末のスマートフォンやタブレットでは、パソコンのようなキーボードの操作ではなく、画面を指でさわって（タッチして）操作するのが基本です。本書では、単に「画面にタッチする」という操作しか説明していませんが、Androidでは、次のような操作を判断、処理することができます。

操作名	概要	操作名	概要
タップ	画面を1度ポンとたたく。マウスでのクリックに相当	ピンチイン	画面に触れたまま、2本の指でつまむようにする
ダブルタップ	画面を2度続けてたたく。マウスでのダブルクリックに相当	ピンチアウト	画面に触れたまま、2本の指を広げるようにする
フリック	画面に触れた指を払うようにスライドさせる		

2 [アルファベット順に並べ替え] ボタンをクリックして、一覧の表示順をアルファベット順に変更する。一覧をスクロールし、[android.app.Activity]配下にある[onTouchEvent(event:MotionEvent!):Boolean] を選択して [OK] ボタンをクリックする。

結果 「import android.view.MotionEvent」の行が追加され、OmikujiActivity.ktにonTouchEventメソッドが追加される（色文字部分）。

```kotlin
class OmikujiActivity : AppCompatActivity() {

    (中略)

    override fun onTouchEvent(event: MotionEvent?): Boolean {
        return super.onTouchEvent(event)
    }
}
```

```
main.xml  OmikujiActivity.kt  OmikujiBox.kt  OmikujiParts.kt  strings.xml
1   package jp.wings.nikkeibp.omikuji
2
3   import android.os.Bundle
4   import android.view.MotionEvent —————————  追加された
5   import android.view.View
6   import androidx.appcompat.app.AppCompatActivity
7   import jp.wings.nikkeibp.omikuji.databinding.FortuneBinding
8   import jp.wings.nikkeibp.omikuji.databinding.OmikujiBinding
9
10  class OmikujiActivity : AppCompatActivity() {
11
12      // おみくじ棚の配列
13      val omikujiShelf = Array<OmikujiParts>(20)
14      { OmikujiParts(R.drawable.result2, R.string.contents1) }
15
16      // おみくじ番号保管用
17      var omikujiNumber = -1
18
19      val omikujiBox = OmikujiBox()
20
```

```
74          }
75
76          fun drawResult() {
77              // おみくじ番号を取得する
78              omikujiNumber = omikujiBox.number
79
80              // おみくじ棚の配列から、omikujiPartsを取得する
81              val op = omikujiShelf[omikujiNumber]
82
83              // レイアウトを運勢表示に変更する
84              val fortuneBinding = FortuneBinding.inflate(layoutInflater)
85              setContentView(fortuneBinding.root)
86
87              // 画像とテキストを変更する
88              fortuneBinding.imageView2.setImageResource(op.drawID)
89              fortuneBinding.textView.setText(op.fortuneID)
90          }                                              追加された
91
92          override fun onTouchEvent(event: MotionEvent?): Boolean {
93              return super.onTouchEvent(event)
94          }
95  }
```

3 追加されたonTouchEventメソッドの中身を、次のように変更する（色文字部分を追加）。

```
override fun onTouchEvent(event: MotionEvent?): Boolean {
    if (event?.action == MotionEvent.ACTION_DOWN){
        if (omikujiNumber < 0 && omikujiBox.finish) {
            drawResult()
        }
    }
    return super.onTouchEvent(event)
}
```

4 いったんツールバーの ■ ［停止］ をクリックしてアプリを停止し、ツールバーの ▶ ［実行］ ボタンをクリックする。

結果 おみくじアプリが表示される。

5 ［うらなう］ ボタンをクリックする。

結果 おみくじ箱のアニメーション後、おみくじ棒が飛び出した絵に変わる。

6 画面上で ［うらなう］ 以外の場所をクリックする。

結果 運勢が表示される。

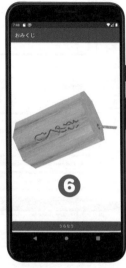

タッチイベントを捕らえるには

　タッチイベントを捕らえるには、先ほどのようなイベントリスナーは不要です。onCreateメソッドと同様、タッチイベントが発生すると呼び出されるメソッド（onTouchEventメソッド）が、Activityクラスに定義されているからです。

　したがって、onTouchEventメソッドをオーバーライドすれば、タッチイベントが発生したときに、任意のコードを実行することができます。

```
override fun onTouchEvent(event: MotionEvent?): Boolean {

    if (event?.action == MotionEvent.ACTION_DOWN){
        if (omikujiNumber < 0 && omikujiBox.finish) {
            drawResult()
        }
    }
    return super.onTouchEvent(event)
}
```

　手順❸で追加したコードには、if文が2つあります。1つめのif文は、イベントを限定するものです。onTouchEventメソッドは、画面をタッチしたイベントのときだけ呼び出されるのではなく、次のようなイベントが発生したときに呼び出されます。

イベント定数	イベントのタイミング
ACTION_DOWN	画面がタッチされたとき
ACTION_MOVE	タッチしたまま移動したとき
ACTION_UP	タッチが離されたとき
ACTION_CANCEL	何らかの要因でタッチがキャンセルされたとき

 ヒント

super.onTouchEventとは

onTouchEventメソッドをAndroid Studioから作成した場合、最終行に、super.onTouchEvent(event)を実行するコードが含まれています。このsuperというのは、継承元のクラスを意味します。OmikujiActivityクラスはActivityクラスを継承していますので、superは「Activityクラスで定義されたonTouch

Eventメソッドを実行する」という意味になります。ActivityクラスのonTouchEventメソッドは、単にタッチイベントで呼び出されるだけではなく、ほかの処理も必要となっています。オーバーライドした場合、そのような処理が呼び出されなくなるため、ここで明示的に元のonTouchEventメソッドを実行しています。

イベントの種類は、onTouchEventメソッドの引数であるMotionEventクラスのaction
プロパティで判定することができます。ここでは、actionプロパティの値が、MotionEvent.
ACTION_DOWNのときのみ、処理を行うようにしています。

　2つめのif文は、論理演算子（&&）を使って、おみくじ番号が0未満で、かつ、アニメー
ションが終了したかどうかを判定しています。アニメーションが終了して、まだおみくじ番号
が設定されていないときは、drawResultメソッドを呼び出して運勢を表示します。おみくじ
番号は、drawResultメソッドを呼び出すと0～19の値に設定されます。

メソッドが実行される順番

　ここまでで、ひととおりアプリとしての動きが実装できました。各イベントによって、
OmikujiActivityクラス、OmikujiBoxクラスのメソッドが、どのような順番で呼び出される
のかを、次にまとめます。

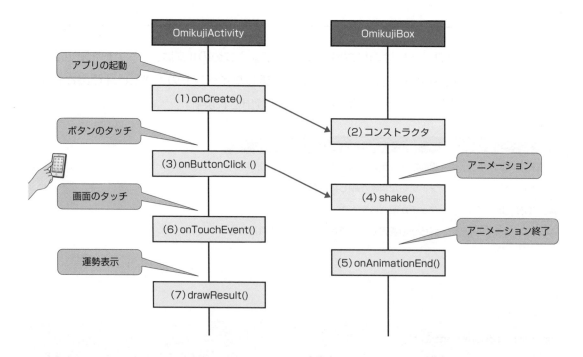

　イベントをあつかうプログラムでは、イベントが増えるにつれて、プログラムの流れがわか
りにくくなります。このような図で確認するようにするとよいでしょう。

ヒント

?キーワード

onTouchEventメソッドの引数eventのデータ型は、event?となっています。この?キーワードは、そのデータ型がnullable（null許容型）であることを示しています。nullableとは、nullを代入できるという意味です。nullとは、変数などがまだ初期化されていない状態のことです。

Kotlinでは、デフォルトのオブジェクトは、このようなnullの状態にはできません。nullの状態が必要な場合は、データ型の後ろに?キーワードをつけます。

また、「?.」としてメソッドやプロパティを参照した場合、対象のオブジェクトがnullのときは、メソッドを実行せず、nullを返します。「?.」は**Null条件演算子**と呼ばれ、この演算子を使うと、nullでないことのチェックが不要になります。

～もう一度確認しよう！～ チェック項目

☐ イベントについて理解しましたか？

☐ インターフェースについて理解しましたか？

☐ アニメーションのイベント処理はわかりましたか？

☐ 画面をタッチしたときのイベントについて理解しましたか？

☐ メソッドの実行順について理解しましたか？

コラム Android Studioの バージョン番号体系

　Android Studioバージョン4.3以降から、Android Studioのバージョン番号体系が変更されました。本書執筆時点での最新リリースは、「Android Studio - Arctic Fox | 2020.3.1 Patch 2」となっています。このバージョン名、なんとなく2020年3月1日リリースのように見えますが、そうではありません。まず最初のArctic Fox（日本語ではホッキョクギツネ）は、メジャーリリースごとのコードネームで動物名になります。次のリリースは、Bで始まる動物名となり、本書執筆時点ではBumblebee（日本語ではマルハナバチ）になる予定です。次の2020.3は、Android StudioのベースになっているIDE、IntelliJのリリース年とメジャーバージョンを示します。2020.3の次の1は、Android Studioのメジャーバージョン番号です。1から始まり、大きなリリースであれば1増えます。最後は、小規模なバージョン番号です。

第 7 章

アプリから画面を
呼び出そう

この章では、おみくじアプリにオプションメニューを
追加します。また、「インテント」という Android の
しくみを利用して、新しい画面を表示できるようにし
ます。追加する画面は、アプリの設定を行う画面と、ア
プリの情報を表示する画面です。設定画面では、設定
した内容を保存したり、読み出したりするコードも説
明します。

この章で学ぶこと

　この章では、設定画面などの新しい画面を追加して、その画面をメニューから呼び出す機能を追加します。追加する画面は、次のとおりです。

- **設定画面**
- **アプリの情報を表示する画面（About画面）**

その過程を通して、この章では、次のような内容を学習します。

- **オプションメニューの追加**
- **設定画面の作成**
- **インテントの使い方**
- **マニフェストファイルの設定方法**
- **バージョン情報の参照方法**

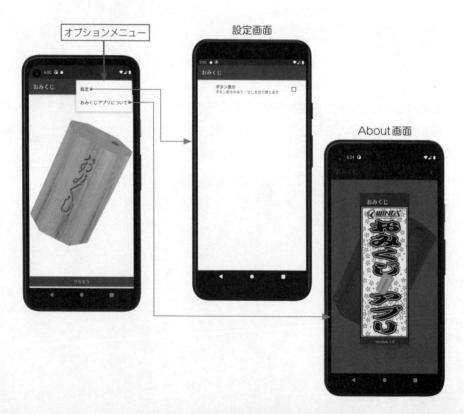

メニューをつけてみよう

7.1

ここでは、作成したおみくじアプリに、メニューボタンから呼び出される
オプションメニューをつけてみましょう。

メニューの定義を作成しよう

オプションメニューの定義は、レイアウトの定義と同様の手順です。ここでは、menu.xml
というXMLファイルを作成します。

1 Android Studioのプロジェクトビューで、[app]−[res] を右クリックし、表示されたメニューから [新規]−[Android Resource File] を選択する。

結果 [New Resource File] ダイアログが表示される。

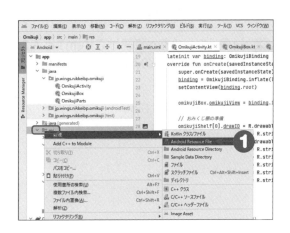

2 [File name] 欄に**menu**と入力し、[Resource type] で [Menu] を選択する。そのほかはそのままにして [OK] ボタンをクリックする。

結果 menu.xmlが作成され、内容が表示される。デザイン画面になっているときは、画面右上の [Code] タブをクリックして、テキスト表示にしておく。

3 <menu xmlns:android="http://
schemas.android.com/apk/res/
android" >の次の行に、4文字分スペー
スを入力してから**<item**と入力してス
ペースを入力し、表示された候補から
[android:id]を選択する。

結果 「<item android:id=""」と入力されて、次の
候補が表示される。

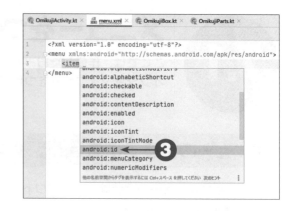

4 表示された候補から、[@+id/]を選択す
る。

結果 「<item android:id="@+id/"」と入力される。

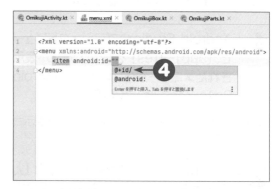

5 「@+id/」のあとに続けて**item1**と入力
し、最後の「"」のあとにスペースを入力
する。

結果 次の候補が表示される。

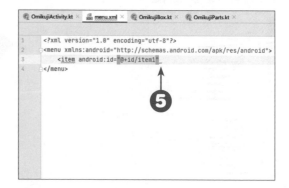

6 表示された候補から、[android:title]を選択する。

結果 「android:title=""」と入力され、次の候補が表示される。

7 「""」のなかに**設定**と入力し、「"」のあとに/と入力する。

結果 「/>」と入力される。

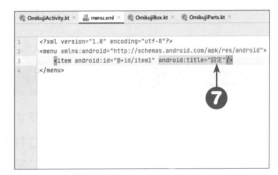

8 「/>」のあとで改行し、手順❸～❼と同様にitem要素を追加して、「android:id="@+id/item2"」と「android:title="おみくじアプリについて"」を入力する。

結果 コードが次のようになる。

```xml
<menu xmlns:android="http://schemas.android.com/apk/res/android">
    <item android:id="@+id/item1" android:title="設定"/>
    <item android:id="@+id/item2" android:title="おみくじアプリについて"/>
</menu>
```

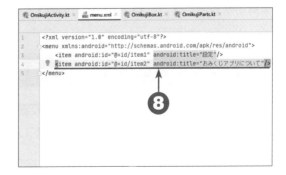

9 画面右上の［Split］をクリックする。

結果▶ メニューのプレビューが表示される。

メニューを定義する

　Android端末でメニューボタンをタッチすると、そのとき実行中のアプリに関する、設定や保存といった**オプションメニュー**が表示されます。ここでは、そのようなオプションメニューの表示方法と、メニューが押されたときに呼び出されるメソッドについて学習します。

　メニューには、あらかじめ決められた項目を表示するメニュー（静的）と、アプリの状態に応じて項目を変更するメニュー（動的）があります。本書のおみくじアプリでは、動的に変更するようなメニューは必要ではありませんので、静的なメニューを作成することにします。

　またメニューを表示する方法にも、レイアウト定義のように、メニューの項目をXMLファイルに定義する方法と、すべてコードに記述する方法があります。本書では、XMLファイルに定義してメニューを作成しています。

　ここでは、2つの項目を持つメニューを作成しています。1つは、アプリの設定を行う画面を表示するメニュー、もう1つは、おみくじアプリについての情報を表示するものです。

メニューを表示しよう

　では次に、定義したメニューをアプリで表示してみましょう。メニューボタンを押したときに呼び出されるメソッドをオーバーライドして、オプションメニューを表示する処理を追加します。

1 Android Studioで OmikujiActivity.
ktを表示して、[コード] メニューから
[メソッドのオーバーライド] を選択す
る。

結果 ▶ [メンバーをオーバーライドする] ダイアログ
が表示される。

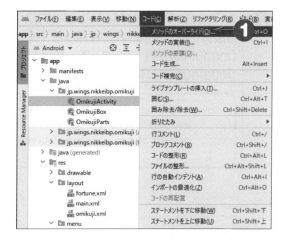

2 表示された一覧をスクロールして、[android.app.Activity] 配下の [onCreateOptions
Menu(menu:Menu!):Boolean] を選択する。

3 [JavaDocをコピーする] にはチェックを入れないままにして、[OK] ボタンをクリックす
る。

結果 ▶ 次のように、OmikujiActivity クラスに onCreateOptionsMenu メソッドが追加される。また、「import
android.view.Menu」の行が追加される。

```
override fun onCreateOptionsMenu(menu: Menu?): Boolean {
    return super.onCreateOptionsMenu(menu)
}
```

4 onCreateOptionsMenuメソッドに、次のコードを追加する（色文字部分）。**menu**と入力したあとに、表示された候補から［menuInflater（getMenuInflater()から）］を選択して「menuInflater」に変換する。続けて、．（ドット）を入力したあとに、表示された候補から［inflate(menuRes: Int, menu: Menu!)］を選択する。

```kotlin
override fun onCreateOptionsMenu(menu: Menu?): Boolean {
    menuInflater.inflate(R.menu.menu, menu)
    return super.onCreateOptionsMenu(menu)
}
```

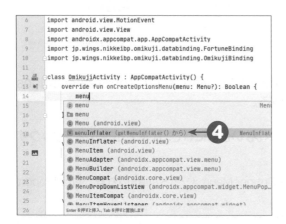

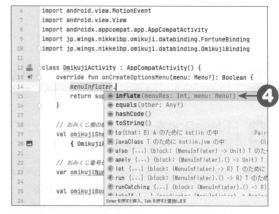

5 いったんツールバーの ■［停止］をクリックしてアプリを停止し、ツールバーの ▶［実行］ボタンをクリックする。

結果 おみくじアプリが表示される。

6 メニューボタンをクリックする。

結果 メニューが表示される。

メニューを表示する

　オプションメニューを表示するには、画面のタッチやセンサーを利用する場合と同様に「イベントに応じて呼び出されるメソッドにコードを追加する」というスタイルになります。ただメニューの場合は、新たにイベントリスナーを設定する必要はありません。Activityクラスに、あらかじめ呼び出されるメソッドが定義されていますので、それをオーバーライドするだけです。オプションメニューのイベントと、そのときに実行されるメソッドは、次のようになります。

メニューのイベント	実行されるメソッド	タイミング
メニューが作成されるとき	onCreateOptionsMenu	起動時のみ
メニューを表示するとき	onPrepareOptionsMenu	毎回
メニューの項目を選択したとき	onOptionsItemSelected	選択時のみ
メニューが閉じられるとき	onOptionsMenuClosed	毎回

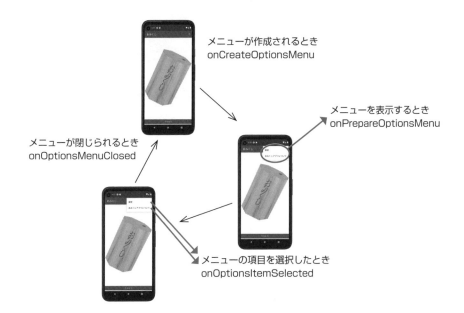

メニューが作成されるとき
onCreateOptionsMenu

メニューを表示するとき
onPrepareOptionsMenu

メニューが閉じられるとき
onOptionsMenuClosed

メニューの項目を選択したとき
onOptionsItemSelected

　通常は、onCreateOptionsMenu メソッドと、onOptionsItemSelected メソッドをオーバーライドするようにします。onCreateOptionsMenu メソッドには、メニュー自体を設定するコード、onOptionsItemSelected メソッドには、メニューの項目として実行する処理を追加します。ここでは、onCreateOptionsMenu メソッドに、次のようなコードを追加しています。

```
override fun onCreateOptionsMenu(menu: Menu?): Boolean {
    menuInflater.inflate(R.menu.menu, menu)
    return super.onCreateOptionsMenu(menu)
}
```

　まず、**MenuInflater**というクラスを使って、menu.xmlで定義したメニュー項目を追加します。MenuInflaterクラスは、定義ファイルをもとに、メニューのオブジェクトを作成するものです。ただしここでは、MenuInflaterクラスを直接使うのではなく、menuInflaterプロパティを利用しています。menuInflaterプロパティは、MenuInflaterオブジェクトを参照しています。

　そしてMenuInflaterクラスのinflateメソッドにより、メニューオブジェクトにXMLファイルで定義した項目を追加します。

構文 **inflateメソッド**

```
open fun inflate(menuRes: Int, menu: Menu!)

menuRes   メニューを定義したXMLファイルのリソースID
menu      項目を追加するメニューオブジェクト
```

　メニューオブジェクトは、onCreateOptionsMenuメソッドの引数として渡されます。

ヒント

動的メニューを作成するには

動的にメニューの内容を変更するには、onCreate
OptionsMenuメソッドの代わりに、メニューが表
示される都度に実行される、onPrepareOptions
Menuメソッドを利用します。

メニューから呼び出されるメソッドを追加しよう

メニューの項目を選択した際に呼び出されるメソッドを追加します。

1 OmikujiActivity.ktを表示した状態で、Android Studioの［コード］メニューから［メソッドのオーバーライド］を選択する。

結果 ［メンバーをオーバーライドする］ダイアログが表示される。

2 表示された一覧をスクロールして、［android.app.Activity］配下の［onOptionsItemSelected(item: MenuItem!): Boolean］を選択する。

3 ［JavaDocをコピーする］にはチェックを入れないままにして、［OK］ボタンをクリックする。

結果 次のように、OmikujiActivityクラスにonOptionsSelectedメソッドが追加される。

```
override fun onOptionsItemSelected(item: MenuItem?): Boolean {
    return super.onOptionsItemSelected(item)
}
```

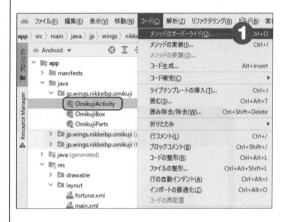

4 onOptionsItemSelectedメソッドに、次のコードを追加する（色文字部分）。import文を追加するために、最初の行で**= toast**と入力した直後に、表示された候補から［Toast (android.widget)］を選択して「Toast」に変換する。

```kotlin
override fun onOptionsItemSelected(item: MenuItem?): Boolean {
    val toast = Toast.makeText(this, item.title, Toast.LENGTH_LONG)
    toast.show()

    return super.onOptionsItemSelected(item)
}
```

結果 「import android.widget.Toast」の行が追加される。

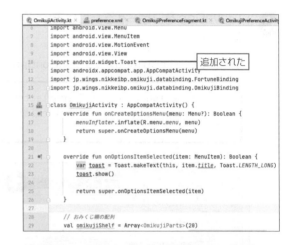

5 いったんツールバーの ■［停止］をクリックしてアプリを停止し、ツールバーの ▶［実行］ボタンをクリックする。

結果 おみくじアプリが表示される。

6 メニューボタンをクリックする。

結果 メニューが表示される。

7 いずれかのメニュー項目をクリックする。

結果 クリックした項目のトーストが表示される。

メニュー項目が選択されたことを判断するには

メニュー項目が選択されると、onOptionsItemSelectedメソッドが呼び出されます。

```kotlin
override fun onOptionsItemSelected(item: MenuItem?): Boolean {
    val toast = Toast.makeText(this, item.title, Toast.LENGTH_LONG)
    toast.show()

    return super.onOptionsItemSelected(item)
}
```

どの項目を選択しても、実行されるのはこのメソッドだけです。実際にどの項目が選択され
たのかを判定するには、引数で渡されるMenuItemオブジェクトを参照します。この
MenuItemオブジェクトには、項目のtitleや識別IDが保持されていますので、その値を利用
して処理を振り分けます。

トースト表示とは

手順❹では、MenuItem クラスの title プロパティを、**トースト**で表示するようにしています。トースト（Toast）とは、ボタンなどと同様に、Android にあらかじめ組み込まれたウィジェットのひとつで、主にテキスト情報を表示するために利用します。トーストは、ほんの短い時間しか表示できず、自動的に終了するのが特徴です。

トーストを作成するためには、まず **Toast クラス**の makeText メソッドを用いてインスタンスを作成します。そのあとに show メソッドを実行して、画面に表示します。makeText メソッドは、インスタンスを作成する専用の特殊なメソッドです。

makeText メソッドは、次のように宣言されています。

構文 makeText メソッド

```
fun makeText(context: Context!, text: CharSequence!, duration: Int): Toast!

context    コンテキストオブジェクト
text       表示したいテキスト
duration   表示時間
```

第1引数には、通常、Activity クラスのインスタンスを示す this を指定します。第2引数には、トーストに表示する文字列を指定します。第3引数には、トーストを表示する時間の長さを示す定数、Toast.LENGTH_SHORT または Toast.LENGTH_LONG を指定します（秒数のような時間を直接示す値ではありません）。

定数	意味
Toast.LENGTH_SHORT	トーストを短く（2秒ほど）表示する
Toast.LENGTH_LONG	トーストを長く（4秒ほど）表示する

ヒント

makeText メソッド

makeText メソッドは、クラスをインスタンス化しなくても使用できるように宣言したメソッドです。クラス名.メソッド名（引数）とするだけで、メソッドを実行することができます。

7.2 設定画面をつけてみよう

オプションメニューから、アプリの設定画面（ボタン表示を切り替える設定）を表示するようにしてみましょう。

設定機能のライブラリ指定の追加

アプリの設定機能には、これまでandroid.preferenceというライブラリを使うようになっていました。ところが、APIレベル29（Android 10）以降では非推奨となり、代わりにAndroidX Preference Libraryというライブラリが提供されるようになりました。本書では、このAndroidX Preference Libraryを利用する手順とします。

ただし執筆時点では、プロジェクトのテンプレートに、AndroidX Preference Libraryを利用する設定が含まれていませんので、手動で追加するようにします。

1 Android Studioのプロジェクトビューで、[Gradle Scripts]－[build.gradle (Module: Omikujiapp)]をダブルクリックする。

結果 [build.gradle（:app）] というタブが開き、ビルド設定ファイルが表示される。

2 dependencies配下に次の行を追加する（色文字部分）。

```
dependencies {
    (中略)
    implementation 'androidx.constraintlayout:constraintlayout:2.0.1'
    implementation 'androidx.preference:preference-ktx:1.1.1'
    testImplementation 'junit:junit:4.+'
    (中略)
}
```

3 エディターの上部に［Gradle files〜］という文字列が表示されるので、右端の［Sync Now］をクリックする。

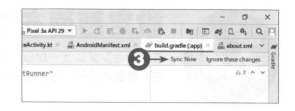

結果 追加した設定が反映される。

設定画面の定義を作成しよう

メニューの［設定］から表示される画面を定義するのは、レイアウトの定義と同様の手順です。ここでは、preference.xmlという名前のXMLファイルを作成します。

1 Android Studioのプロジェクトビューで、［app］−［res］を右クリックし、表示されたメニューから［新規］−[Android Resource File] を選択する。

結果 [New Resource File] ダイアログが表示される。

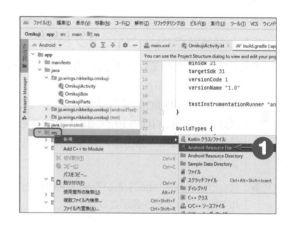

2 [File name] 欄に**preference**と入力し、［Resource type］で［XML］を選択する。［Root element］が［Preference Screen］になっていることを確認し、そのほかはそのままにして［OK］ボタンをクリックする。

結果 preference.xmlが作成され、内容が表示される。デザイン画面になっているときは、画面右上の［Code］タブをクリックして、テキスト表示にしておく。

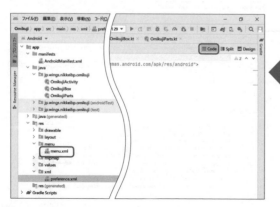

3 「<PreferenceScreen xmlns:android ="http://schemas.android.com/ apk/res/android" >」の次の行に、4 文字分スペースを入力してから< と入 力する。

結果 ▶ 候補が表示される。

4 表示された候補から、[CheckBox Preference] を選択する。

結果 ▶ 「<CheckBoxPreference」と入力される。

5 スペースを入力し、表示された候補から [android:summary] を選択する。

結果 ▶ 「android:summary=""」と入力され、次の候 補が表示される。

6 「""」のなかに**ボタン表示のあり／なし を切り替えます**と入力し、最後の「"」の あとにスペースを入力する。

結果 ▶ 候補が表示される。

7 表示された候補から、[android:title] を選択する。

結果 ▶ 「android:title=""」と入力される。

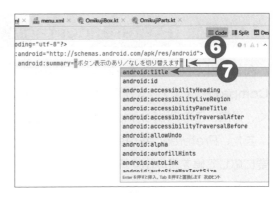

8 「""」のなかに**ボタン表示**と入力し、最後 の「"」のあとにスペースを入力する。

結果 ▶ 候補が表示される。

9 表示された候補から、[android:key] を選択する。

結果 ▶ 「android:key=""」と入力される。

10 「""」のなかに**button**と入力し、最後の「"」のあとにスペースを入力する。

結果 候補が表示される。

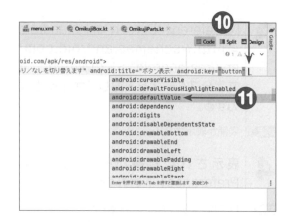

11 表示された候補から、[android:default Value] を選択する。

結果 「android:defaultValue=""」と入力される。

12 「""」のなかに**false**と入力し、最後の「"」のあとに/と入力する。

結果 「/>」と入力される。

設定画面（PreferenceFragmentCompat）とは

　Android SDKには、Androidアプリの設定情報を表示、管理する**PreferenceFragment Compat**というクラスが用意されています。アプリの設定画面は、独自に実装するのではなく、通常、このPreferenceFragmentCompatクラスを利用します。

　また、PreferenceFragmentCompatクラスでは、自動的に設定値を保存する機能や、必要に応じて値を読み出す機能が提供されています。こうした機能をすべて自分で作るのは大変ですが、PreferenceFragmentCompatクラスを使うと、非常に手軽に利用することができます。

　PreferenceFragmentCompatは、**Fragment**というクラスを継承したものです。Fragmentとは、Android 3.0以降に導入されたクラスで、Activityと同じような役割をするクラスです。Fragmentについては、またあとで説明します。

　設定画面では、通常のActivityと同様に、XMLファイルで画面のレイアウト定義を行います（XMLファイルを使わずにすべてコードで定義することもできます）。ただし、設定画面に配置できるオブジェクト（ウィジェット）は、設定画面専用です。主なものは、次のとおりです。

設定用ウィジェット	概要
CheckBoxPreference	チェックボックスによる設定
EditTextPreference	テキストによる設定
ListPreference	リストによる設定
PreferenceCategory	設定項目のカテゴリ

　ここで定義したのは、ボタン表示の有無を切り替えるための設定画面です。設定値の切り替えには、CheckBoxPreferenceを利用しています。CheckBoxPreferenceは、このように2つの値を切り替えるような設定に使用します。

　なお、CheckBoxPreferenceに設定した項目は、次のような意味となります。

項目名	意味
[android:key]	オブジェクトの識別ID
[android:title]	設定項目名
[android:summary]	設定項目の説明
[android:defaultValue]	初期値

Fragmentとは

　PreferenceFragmentCompatクラスは、設定画面に特化して定義されたFragmentクラスになっています。ただしFragmentは、設定画面だけのものではありません。先ほど少し触れたように、タブレットに対応したAndroid 3.0以降に導入されたしくみです。

　Fragment（フラグメント）とは、英語で「断片、一部分」といった意味です。なぜこのような名前になっているのかというと、Fragmentは、Activityの一部分として利用するものだからです。Fragmentは、Activityから画面の処理を引き継いで、パーツとして利用できるようにしたものです。つまり、PreferenceFragmentCompatクラスは、設定画面のパーツということになります。

ヒント

Fragmentの活用方法

タブレット以降、Android端末にはさまざまなサイズの画面が存在します。Activityは、1つの画面にしか対応できない設計のため、1つのアプリで、さまざまな画面をあつかうのはひと苦労でした。Fragmentでは、画面の処理をパーツのように組み合わせることが可能に

なったため、たとえば「スマートフォンでは全画面を表示し、タブレットでは2つに分割した画面を表示する」といった処理がかんたんに実装できるようになりました。

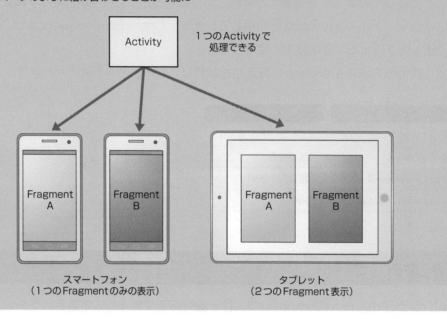

設定画面を表示するFragmentクラスを作成しよう

設定画面は、Activityクラスではなく、Fragmentクラスとして作成します。

1 Android Studioのプロジェクトビューで、[app]－[java]－[jp.wings.nikkeibp.omikuji] を右クリックし、表示されたメニューから[新規]－[Kotlinクラス/ファイル] を選択する。

結果 [新規Kotlinクラス/ファイル] ダイアログが表示される。

2 入力欄に**OmikujiPreferenceFragment**と入力し、その下の一覧から[クラス]を選択して[Enter]キーを押す。

結果 OmikujiPreferenceFragment.ktが作成され、内容が表示される。

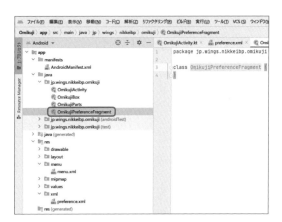

3

「class OmikujiPreferenceFragment」のあとに、: (コロン) を入力し、スペースを入力して**preference**と入力する。

結果 候補が表示される。

4

表示された候補から [[PreferenceFragmentCompat(androidx.preference)] を選択する。

結果 「preference」が「PreferenceFragment」に変換され、「import androidx.preference. PreferenceFragmentCompat」が追加される。

5

「PreferenceFragmentCompat」に続けて**()**と入力する。

結果 「PreferenceFragmentCompat」の赤い波線が消える。

6

[コード] メニューから [メソッドのオーバーライド] を選択する。

結果 [メンバーをオーバーライドする] ダイアログが表示される。

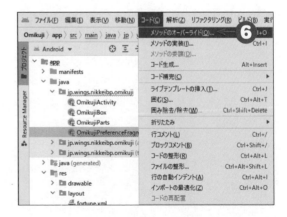

7 表示された一覧をスクロールして、[androidx.preference.PreferenceFragment Compat]配下の[onCreatePreferences(savedInstanceState: Bundle!, rootKey: String!): Unit] を選択する。

8 [JavaDocをコピーする] にはチェックを入れないままにして、[OK] ボタンをクリックする。

結果 次のように、OmikujiPreferenceFragmentクラスにonCreateメソッドが追加される（色文字部分）。

```
class OmikujiPreferenceFragment: PreferenceFragment() {
    override fun onCreatePreferences(savedInstanceState: Bundle?, ⮑
rootKey: String?) {
        TODO("Not yet implemented")
    }
}
```

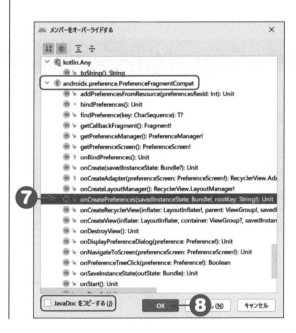

9 onCreateメソッドの、TODOから始まる行を削除して、次のコードを追加する（色文字部分）。

```
class OmikujiPreferenceFragment: PreferenceFragment() {
    override fun onCreatePreferences(savedInstanceState: Bundle?, ⮑
rootKey: String?) {
        addPreferencesFromResource(R.xml.preference)
    }
}
```

新規にPreferenceFragmentCompatクラスを作成するには

PreferenceFragmentCompatクラスを継承した独自のFragmentクラスを新規に作成するには、Android Studioのウィザード機能を利用します。

設定に関して、クラスに追加するコードは、ほとんどありません。基本機能はすべてPreferenceFragmentCompatクラスで定義されているからです。先ほどの手順でも、onCreatePreferencesメソッドをオーバーライドして、addPreferencesFromResourceというメソッドを実行するコードを1行追加しているだけです。このメソッドは、名前が示すとおり、設定画面のXML定義からオブジェクトを生成します。引数には、定義したXMLファイルを示すIDを設定します。XMLファイルのIDは、「R.xml.XMLファイル名（拡張子なし）」という書式となります。

設定画面のFragmentを呼び出すActivityクラスを作成しよう

設定画面（PreferenceFragmentCompat）を呼び出すクラスは、これまでのアプリの画面とは別のActivityクラスとして作成します。

1 Android Studioのプロジェクトビューで、[app]−[java]−[jp.wings.nikkeibp.omikuji] を右クリックし、表示されたメニューから[新規]−[Kotlinクラス/ファイル] を選択する。

結果▶ [新規Kotlinクラス/ファイル] ダイアログが表示される。

2 入力欄に**OmikujiPreference**
Activityと入力し、その下の一覧から［ク
ラス］を選択して Enter キーを押す。

結果▶ OmikujiPreferenceActivity.ktが作成され、
内容が表示される。

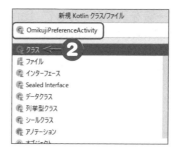

3 「class OmikujiPreferenceActivity」
のあとに、：（コロン）を入力し、スペー
スを入力して**appcompat**と入力する。

結果▶ 候補が表示される。

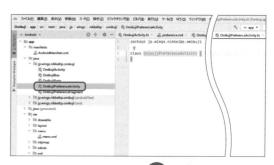

4 表示された候補から、［AppCompat
Activity (androidx.appcompat.app)]
を選択する。

結果▶ 「appcompat」が「AppCompatActivity」
に変換され、「import androidx.appcompat.
app.AppCompatActivity」が追加される。

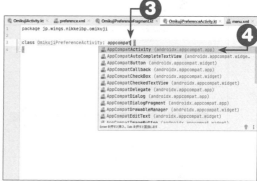

5 「Activity」に続けて ( ) と入力する。

結果▶ 「AppCompatActivity」の赤い波線が消える。

6 ［コード］メニューから［メソッドのオー
バーライド］を選択する。

結果▶ ［メンバーをオーバーライドする］ダイアログ
が表示される。

7 表示された一覧をスクロールして、「androidx.appcompat.app.AppCompatActivity」
配下の「onCreate(savedInstanceState: Bundle?): Unit」を選択する。

8 ［JavaDocをコピーする］にはチェックを入れないままにして、［OK］ボタンをクリックする。

結果 次のように、OmikujiPreferenceActivityクラスにonCreateメソッドが追加される（色文字部分）。

```
class OmikujiPreferenceActivity: AppCompatActivity() {
    override fun onCreate(savedInstanceState: Bundle?) {
        super.onCreate(savedInstanceState)
    }
}
```

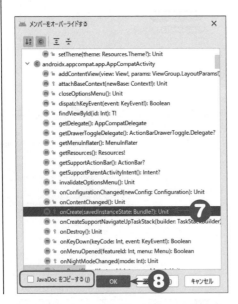

8 onCreateメソッドに、次のコードを追加する（色文字部分）。最初の行のbeginTransaction
メソッドは、．（ドット）を入力したあとに表示された候補から選択する。他のメソッドも同様に
入力する。

```
override fun onCreate(savedInstanceState: Bundle?) {
    super.onCreate(savedInstanceState)
    val fragmentTransaction = supportFragmentManager.beginTransaction()
    fragmentTransaction.replace(android.R.id.content, ➡
                               OmikujiPreferenceFragment())
    fragmentTransaction.commil()
}
```

```
OmikujiActivity.kt    preference.xml    OmikujiPreferenceFragment.kt    OmikujiPreferenceActivity.kt    AndroidM
 1    package jp.wings.nikkeibp.omikuji
 2
 3    import android.os.Bundle
 4    import androidx.appcompat.app.AppCompatActivity
 5
 6    class OmikujiPreferenceActivity: AppCompatActivity() {
 7        override fun onCreate(savedInstanceState: Bundle?) {
 8            super.onCreate(savedInstanceState)
 9            val fragmentTransaction = supportFragmentManager.
10                                      beginTransaction()          ◀─── 8
11        }                           fragmentFactory (getFragmentFa
12    }                               getFragment(bundle: Bundle, key
                                      primaryNavigationFragment (getPrima
                                      findFragmentById(id: Int)
                                      findFragmentByTag(tag: String?)
                                      putFragment(bundle: Bundle, key
                                      registerFragmentLifecycleCallba
                                      saveFragmentInstanceState(fragm
                                      unregisterFragmentLifecycleCall
                                      backStackEntryCount (getBackStackE
                                      fragments (getFragments): mt<F
                                      Enter を押すと挿入、Tab を押すと置換します
```

```
OmikujiActivity.kt    preference.xml    OmikujiPreferenceFragment.kt    OmikujiPreferenceActivity.kt    AndroidM
 1    package jp.wings.nikkeibp.omikuji
 2
 3    import android.os.Bundle
 4    import androidx.appcompat.app.AppCompatActivity
 5
 6    class OmikujiPreferenceActivity: AppCompatActivity() {
 7        override fun onCreate(savedInstanceState: Bundle?) {
 8            super.onCreate(savedInstanceState)
 9            val fragmentTransaction = supportFragmentManager.beginTransaction()
10            fragmentTransaction.replace(android.R.id.content, OmikujiPreferenceFragment())
11            fragmentTransaction.commit()
12        }
13    }
```

Fragmentを作成するには

　Fragmentは、XMLの定義だけで利用することも可能です。ただし、設定画面のFragment
は通常、その画面が表示されるときに、動的に生成するようにします。

　Fragmentをソースコードから生成する場合は、まず、FragmentTransactionというクラ
スのbeginTransactionメソッドを呼び出します。そして、Fragmentの操作を行い、最後に
commitメソッドを実行する必要があります。replaceメソッドは、「（android.R.id.content
が示す）設定画面のビューに、OmikujiPreferenceFragmentを入れ替える」という意味にな
ります。なお、設定画面のビューは、デフォルトでは何も表示しません。Fragmentと入れ替
えることで、画面表示できるようになります。

ヒント

FragmentはActivityのパーツ

Fragmentには、Activityと同じように、第5章で学
んだアプリの状態によって呼び出されるメソッドが
定義されています。また、第6章で追加したイベント
を処理することもできます。このようにFragment
はActivityと同様の処理を行えますが、Fragment
のみで存在することはできません。必ず何らかの
Activityから呼び出す形になります。

マニフェストファイルの設定をしよう

OmikujiPreferenceActivityクラスを、Androidのシステムから認識できるように、マニフェストファイル（AndroidManifest.xml）の設定を行いましょう。

1 Android Studioのプロジェクトビューで、[app]－[manifests]－[AndroidManifest.xml] をダブルクリックする。

結果 マニフェストファイルが表示される。

2 「</activity>」の行の最後で改行して、**<**と入力する。

結果 候補が表示される。

3 表示された候補から [activity] を選択する。

結果 「<activity android:name="">」と入力され、次の候補が表示される。

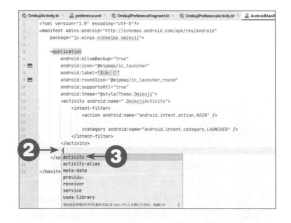

4 表示された候補から、[.OmikujiPre
ferenceActivity（jp.wings.nikkei
bp.omikuji）] を選択する。

結果 「.OmikujiPreferenceActivity」と入力され
る。

5 行末に/と入力する。

結果 「/>」と入力される。

入力された

ActivityをAndroidシステムに認識させる

　Activityクラスを継承したクラスは、アプリのコードでインスタンス化する通常のクラスとは異なり、Androidのフレームワークがインスタンス化を行います。そのため、アプリにどんなActivityが実装されているかを、Androidシステムに通知しておく必要があります。そのような通知に利用されるのが、**マニフェストファイル**と呼ばれるAndroidManifest.xmlです。このXMLファイルは、Activityクラスの情報をはじめ、Androidシステムに通知すべきアプリの情報を定義するものです。ここでの手順は、AndroidManifest.xmlに、アプリが実装しているActivityの情報を設定しています。そのほかの主な設定項目は次のとおりです。

参照

AndroidManifest.xml

→第3章の3.2節

XML要素	要素／属性	設定内容
ルート		アプリの概要設定
	package	パッケージ名
	android:versionCode	バージョン番号（整数）
	android:versionName	ユーザーに表示するバージョン名（任意文字列）
<application>		アプリの説明文、アイコン、テーマなどの設定
	android:icon	アプリ全体のアイコン
	android:label	アプリ全体のラベル（アプリケーション名）
	<activity>	アクティビティの設定
	<intent-filter>	インテントの設定
<uses-permission>		許可設定
	android:name	許可する機能の指定
<uses-sdk>		動作可能なSDKの設定
	android:minSdkVersion	動作に必要なAPIレベル
	android:targetSdkVersion	ターゲットとしているAPIレベル
	android:maxSdkVersion	動作する最大のAPIレベル

設定画面を表示するコードを追加しよう

オプションメニューから設定画面を表示するコードを追加してみましょう。

1 Android Studioのプロジェクトビューで、[OmikujiActivity] をダブルクリックする。

結果 OmikujiActivity.ktが表示される。

2 onOptionsItemSelectedメソッドを、次のように変更する（色文字部分を追加）。import
文を追加するために、**= intent**と入力したあとに、表示された候補から［Intent（...）
（android.content)］を選択して「Intent」に変換する。

```
override fun onOptionsItemSelected(item: MenuItem?): Boolean {
/*
    val toast = Toast.makeText(this, item.title, Toast.LENGTH_LONG)
    toast.show()
*/
    if (item.itemId == R.id.item1) {
        val intent = Intent(this, OmikujiPreferenceActivity::class.java)
        startActivity(intent)
    }
    return super.onOptionsItemSelected(item)
}
```

結果 「import android.content.Intent」の行が追加される。

3 いったんツールバーの■［停止］をクリックしてアプリを停止し、ツールバーの ▶ ［実行］ボタンをクリックする。

結果 おみくじアプリが表示される。

4 メニューボタンをクリックする。

結果 メニューが表示される。

5 ［設定］をクリックする。

結果 設定画面が表示される。

設定画面を呼び出すには

設定画面は、AppCompatActivityというActivityになっています。そのため、アプリから設定画面を表示するには、メインのActivityとは別のActivityを呼び出す形になります。Activityを呼び出す（画面を遷移する）には、**インテント**（Intent）というしくみを利用します。インテントとは、Activityやアプリの間を橋渡しする、Androidの機能です。インテントを用いれば、ほかのActivity（異なるアプリでも可能）やアプリに情報を通知して、呼び出すことができます。

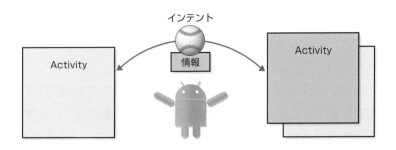

インテントには、**明示的インテント**と**暗黙的インテント**と呼ばれる2つのタイプがあります。明示的インテントとは、Activityをクラス名で指定して呼び出す方法です。もう一方の暗黙的インテントとは、名前ではなく、動作や振る舞い（ブラウザの起動など）を指定して呼び出す方法です。その動作に対応できるアクティビティが自動的に選択され、インテントが送付されます。

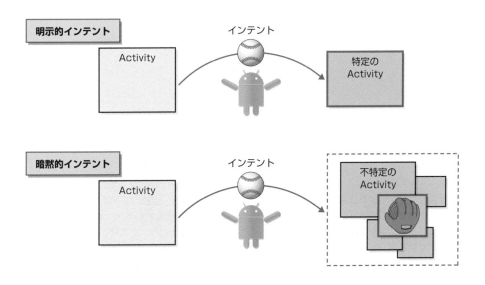

明示的インテントは、主に、同一のアプリにあるActivityを呼び出す場合に使います。先ほど手順❷で追加したコードも、明示的インテントとなっています。

```
if (item.itemId == R.id.item1) {
    val intent = Intent(this, OmikujiPreferenceActivity::class.java)
    startActivity(intent)
}
```

コードの中で利用している**Intentクラス**は、呼び出すActivityと連携する情報を保持するクラスです。明示的インテントは、このIntentクラスのオブジェクトを引数にして、startActivityというメソッドを呼び出すことで実行されます。手順❷では、オプションメニューの項目がタッチされたときに呼び出されるonOptionsItemSelectedメソッドに、このコードを追加しました。

if文では、itemIdプロパティがR.id.item1かどうかを判定しています。R.id.item1とは、先ほど追加したオプションメニューの、1つめの項目（設定）を示しています。

［設定］メニューがタッチされたときに、Intentクラスをインスタンス化しています。Intentクラスのコンストラクターには、Activity自身と、OmikujiPreferenceActivityクラスの情報を示す**Classオブジェクト**を指定しています。

startActivityメソッドでは、指定したIntentオブジェクトに設定されているActivityが呼び出されます。ここでは、OmikujiPreferenceActivityの設定画面が表示されます。

用語

Classオブジェクト

Classオブジェクトとは、クラスの情報を示すクラスのことです。クラス名::class.javaとすることで、指定したクラスの情報を示すクラスのオブジェクトを得ることができます。これは**リフレクション**という機能のひとつです。リフレクションについては本書ではあつかいませんが、興味がありましたらほかの書籍や解説記事などを参照してみてください。

ヒント

暗黙的インテント

たとえばAndroid端末で、ブックマークや共有ボタンを押すと、自動的にアプリが起動したり、アプリを選択する画面が表示されます。これが暗黙的インテントの動作です。アプリを指定しているのではなく、ブラウザの起動や、Twitterなどの共有機能だけを指定して、インテントを送付しています。

設定値を参照しよう

設定画面で設定した値を参照して、機能を切り替えるコードを追加します。

1 OmikujiActivity.ktのonCreateメソッドを、次のように変更する（色文字部分を追加）。import文を追加するために、最初の行では、**= preference** と入力したあとに、表示された候補から［PreferenceManager（androidx.preference）］を選択して「PreferenceManager」に変換する。

```kotlin
override fun onCreate(savedInstanceState: Bundle?) {
    super.onCreate(savedInstanceState)
    binding = OmikujiBinding.inflate(layoutInflater)
    setContentView(binding.root)

    val pref = PreferenceManager.getDefaultSharedPreferences(this)
    val value = pref.getBoolean("button", false)

    binding.button.visibility = if (value) View.VISIBLE else View.INVISIBLE

    omikujiBox.omikujiView = binding.imageView

    （中略）
}
```

結果 次の行が追加される。

```kotlin
import androidx.preferences.PreferenceManager
```

追加された

2 いったんツールバーの ■［停止］をクリックしてアプリを停止し、ツールバーの ▶［実行］ボタンをクリックする。

結果▶ おみくじアプリが表示される。アプリの起動時は、［うらなう］ボタンが表示されない。

3 メニューボタンをクリックする。

結果▶ メニューが表示される。

4 ［設定］をクリックする。

結果▶ 設定画面が表示される。

5 ［ボタン表示］にチェックを入れる。

6 戻るボタンをクリックする。

結果▶ おみくじアプリの起動画面に戻る。

7 もう一度、戻るボタンをクリックする。

結果▶ エミュレーターのホーム画面が表示される。

8 もう一度、手順❷を行い、おみくじアプリを起動する。

結果▶ おみくじアプリが再び表示され、［うらなう］ボタンが表示される。

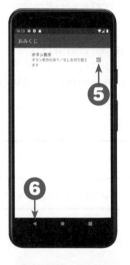

設定値にしたがってボタンの表示を切り替える

設定画面のActivityでは、設定項目の保存に、**SharedPrefrences**という機能を使っています。SharedPrefrencesは、アプリのデータを特定のファイルに保存する機能です。そのため、アプリが終了しても値が保持されており、次の起動で読み出すことができます。

```
val pref = PreferenceManager.getDefaultSharedPreferences(this)
val value = pref.getBoolean("button", false)
```

手順❶で追加したコードは、設定画面で設定した値を読み出すコードです。値を読み出すには、SharedPrefrencesクラスを利用します。SharedPrefrencesクラスのインスタンスは、PreferenceManager.getDefaultSharedPreferencesというメソッドで取得できます(引数はContextですので、thisを指定します)。

設定画面では、設定のオン/オフの切り替えに、CheckBoxPreferenceというオブジェクトを配置しました。このCheckBoxPreferenceでは、チェックしたかどうかをBoolean型のデータとして保存します。その値を読み出すには、SharedPrefrencesクラスのgetBooleanメソッドを用います。このメソッドの引数は、設定項目のKeyと、デフォルトの値です。設定項目のKeyとは、この節の冒頭の「設定画面の定義を作成しよう」でXMLファイルに指定した、「button」という文字列です。デフォルトの値とは、この設定項目がまだ保存されていない状態で読み出した場合の値です。

なお、[うらなう]ボタンの表示は、デフォルト値をfalseに設定したので、最初の起動時は、設定画面にチェックが入っていません。

```
binding.button.visibility = if (value) View.VISIBLE else View.INVISIBLE
```

読み出した値をもとに、ボタンの表示/非表示を行っています。ボタンを表示するかどうかは、Buttonクラスのvisibilityプロパティを利用します。このvisibilityプロパティに、View.VISIBLE(表示)か View.INVISIBLE(非表示)のいずれかの定数を指定します。ここでは、if文を式として用いて、valueの値を判定しています。最初の起動時は、ボタン表示のデフォルト値がfalseのため、[うらなう]ボタンは表示されません。

7.3 アプリの情報を表示する About画面をつけてみよう

ここでは、アプリの情報を表示する About 画面を作成して、その画面を呼び出せるようにしてみます。また、About 画面には、アプリのロゴ画像とバージョン情報を表示させましょう。

アプリにバージョン情報を追加してみよう

マニフェストファイルに、アプリのバージョン情報を定義します。

1 Android Studioのプロジェクトビューで、[app]−[manifests]−[Android Manifest.xml] をダブルクリックする。

結果▶ マニフェストファイルが表示される。

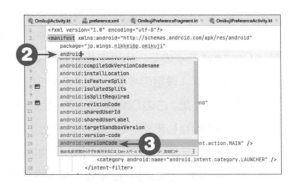

2 「package="jp.wings.nikkeibp. omikuji"」と「>」の間で改行し、**android** と入力する。

結果▶ 候補が表示される。

3 表示された候補から [android:version Code] を選択する。

結果▶ 「android:versionCode=""」と入力され、次の候補が表示される。

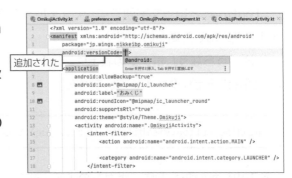

4 「""」のなかに**6**と入力し、最後の「"」のあとにスペースを入力する。

結果▶ 候補が表示される。

5 表示された候補から [android:version Name] を選択する。

結果▶ 「android:versionName=""」と入力され、次の候補が表示される。

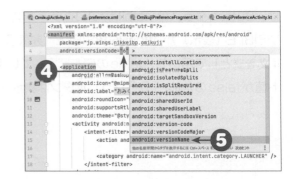

6 「""」のなかに**1.6**と入力する。

```xml
<?xml version="1.0" encoding="utf-8"?>
<manifest xmlns:android="http://schemas.android.com/apk/res/android"
    package="jp.wings.nikkeibp.omikuji"
    android:versionCode="6" android:versionName="1.6">

    <application
        android:allowBackup="true"
        android:icon="@mipmap/ic_launcher"
        android:label="おみくじ"
        android:roundIcon="@mipmap/ic_launcher_round"
        android:supportsRtl="true"
        android:theme="@style/Theme.Omikuji">
        <activity android:name=".OmikujiActivity">
            <intent-filter>
                <action android:name="android.intent.action.MAIN" />

                <category android:name="android.intent.category.LAUNCHER" />
```

バージョン情報の設定を切り替えよう

アプリのバージョン情報を設定できるファイルは2つありますので、もう1つの設定を削除しておきます。

1 Android Studioのプロジェクトビューで、[Gradle Scripts]−[build.gradle (Module: Omikuji.app)] をダブルクリックする。

結果 [build.gradle(:app)] というタブが開き、ビルド設定ファイルが表示される。

2 「versionCode 1」と「versionName "1.0"」の行を削除する。

結果 バージョン情報が削除される。

3 エディターの上部に [Gradle files〜] という文字列が表示されるので、右端の [Sync Now] をクリックする。

結果 設定の削除が反映される。

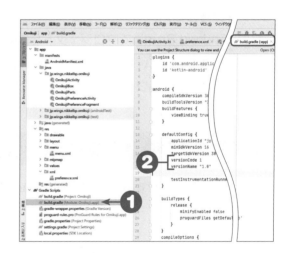

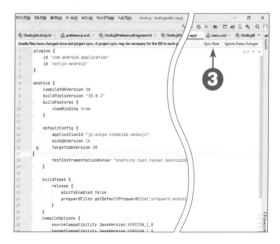

Androidアプリのバージョン情報

Androidアプリのバージョン情報には、次の2つがあります。これらの情報は、1組でマニフェストファイルに定義するよう推奨されています。

種別	内容
Version code	アプリのバージョンを示す整数（初期値：1）
Version name	リリースのバージョンを示す文字列（初期値：1.0）

Version codeは、内部的に使用するアプリのバージョンを示す整数値です。この値は、アプリをバージョンアップするたびに、より大きな値にしておきます。

Version nameは、リリースのバージョンを示す文字列です。フォーマットの規定はありませんが、一般に「1.0.0」といった形式で記述します。また通常、ユーザーに伝えるのは、このバージョン情報です。

なお、Android Studioでプロジェクトを作成した場合は、別の設定ファイル（build.gradle）で定義した情報を元に、自動的にマニフェストファイルを更新するようになっています。本書では直接マニフェストファイルに設定するため、build.gradleの設定を削除しています。

アプリの情報を表示するAbout画面を作成しよう

アプリの情報を表示するAbout画面を、Activityとして作成します。まずはレイアウト定義を作成しましょう。

1 Android Studioのプロジェクトビューで、[res]−[layout] を右クリックし、表示されたメニューから［新規］−[Layout Resource File] を選択する。

結果 [New Resource File] ダイアログが表示される。

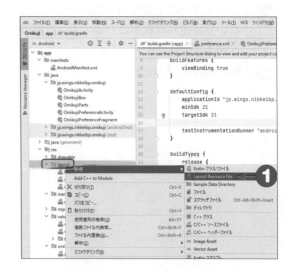

2 [File name]欄に**about**と入力し、[Root element]欄には**LinearLayout**と入力する。そのほかはそのままにして[OK]ボタンをクリックする。

結果 about.xmlが作成され、その内容がデザインビューに表示される。デザインビューが表示されないときは、[Design]タブをクリックして表示を切り替える。

3 [Component Tree]の[LinearLayout]をクリックする。

結果 [Attributes]ウィンドウが表示される。

4 [Attributes]ウィンドウで[All Attributes]欄にある[gravity]の左側の[>]をクリックして展開し、[center_vertical]と[center_horizontal]にチェックを入れて[true]にする。

5 パレットの[Common]にある[Image View]をクリックし、そのままレイアウト画面までドラッグアンドドロップする。

結果 [Pick a Resource]ダイアログが表示される。

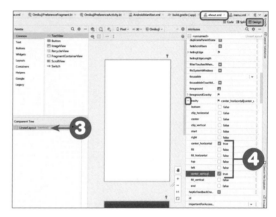

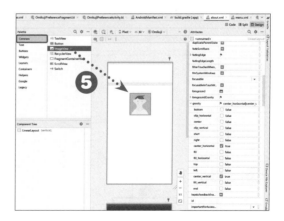

6 一覧から［logo］（おみくじアプリのロゴ画像）を選択して［OK］ボタンをクリックする。

結果 ［Component Tree］に［imageView3］が追加され、デザインビューにロゴ画像が表示される。

7 パレットの［Common］にある［Text View］をクリックし、そのままレイアウト画面までドラッグして、ロゴ画像の下でドロップする。

結果 ［Component Tree］に［textView2］が追加され、デザインビューのロゴ画像の下に「TextView」と表示される。

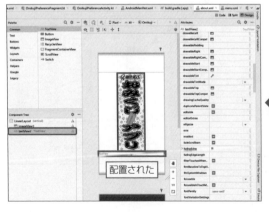

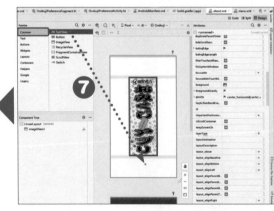

8 [Componet Tree]で[textView2]を
クリックして選択し、[Attributes]ウィ
ンドウで［All Attributes］欄にある
［layout_weight］の右側の入力欄をク
リックし、**1**と入力して Enter キーを押す。

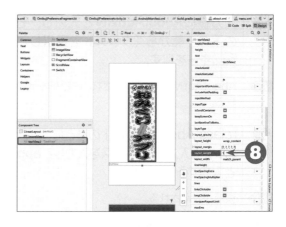

9 [Attributes]ウィンドウで［All Attri
butes］欄にある［gravity］の左側の
［＞］をクリックして展開し、［center］
にチェックを入れて［true］にする。

結果 ▶ TextViewの文字が中央揃えになる。

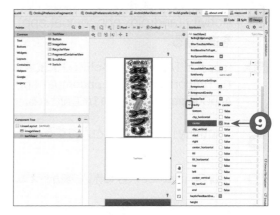

About画面のActivityクラスを作成しよう

About画面は、設定画面同様に、これまでのアプリの画面とは別のActivityクラスとして作
成します。

1 Android Studioのプロジェクトビュー
で、[app]−[java]−[jp.wings.nikkei
bp.omikuji]を右クリックし、表示され
たメニューから[新規]−[Kotlinクラス/
ファイル]を選択する。

結果 ▶ [新規Kotlinクラス/ファイル]ダイアログが
表示される。

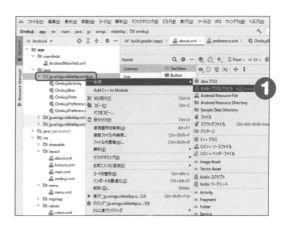

2 入力欄に**AboutActivity**と入力し、その下の一覧から［クラス］を選択して[Enter]キーを押す。

結果 AboutActivity.ktが作成され、内容が表示される。

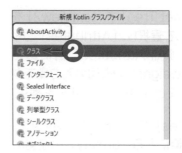

3 「class AboutActivity」のあとに、：（コロン）を入力し、スペースを入力して**app**と入力する。

結果 候補が表示される。

4 表示された候補から[AppCompat Activity (androidx.appcompat.app)]を選択する。

結果 「app」が「AppCompatActivity」に変換され、「import androidx.appcompat.app. AppCompatActivity」の行が追加される。

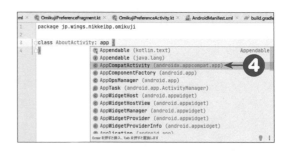

5 「Activity」に続けて()と入力する。

結果 「AppCompatActivity」の赤い波線が消える。

6 ［コード］メニューから［メソッドのオーバーライド］を選択する。

結果 ［メンバーをオーバーライドする］ダイアログが表示される。

7 一覧をスクロールして、[androidx.appcompat.app. AppCompatActivity] 配下の [onCreate(savedInstanceState: Bundle?): Unit] を選択する。

8 [JavaDocをコピーする] にはチェックを入れないままにして、[OK] ボタンをクリックする。

結果 AboutActivityクラスに、次のようにonCreateメソッドが追加される（色文字部分）。

```
class AboutActivity: AppCompatActivity() {
    override fun onCreate(savedInstanceState: Bundle?) {
        super.onCreate(savedInstanceState)
    }
}
```

9 onCreateメソッドに、次のコードを追加する（色文字部分）。import文を追加するために、1行目は= aboutと入力したあとに、表示された候補から [AboutBinding (jp.wings. nikkeibp.omikuji.databinding)] を選択する。

```
class AboutActivity: AppCompatActivity() {
    override fun onCreate(savedInstanceState: Bundle?) {
        super.onCreate(savedInstanceState)

        val aboutBinding = AboutBinding.inflate(layoutInflater)
        setContentView(aboutBinding.root)

        val info = packageManager.getPackageInfo(packageName, 0)
        aboutBinding.textView2.text = "Version " + info.versionName
    }
}
```

結果 次の2行が追加される。

```
import android.os.Bundle
import jp.wings.nikkeibp.omikuji.databinding.AboutBinding
```

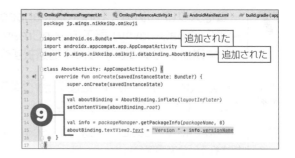

バージョン情報を取得しよう

　メニューの［このアプリについて］で表示される画面に、マニフェストファイルに定義されているアプリのバージョンを表示しています。バージョン情報を取得するには、マニフェストファイルの情報を取得するgetPackageInfoメソッドを使います。

```
val info = packageManager.getPackageInfo(packageName, 0)
```

　getPackageInfoメソッドは、PackageManagerクラスのメソッドですが、PackageManagerクラスのインスタンスは、packageManagerプロパティで参照できます。

　getPackageInfoメソッドの第1引数には、現在のパッケージ名を示すpackageNameプロパティを指定します。第2引数はオプションで、取得したい情報を示す、PackageManagerクラスで定義された定数を指定します。バージョン情報では特に指定する必要はありませんので、0としておきます。戻り値は、PackageInfoというオブジェクトになっていて、ここにマニフェストファイルの情報が格納されています。

　Version name情報はversionNameプロパティ、Version code情報はversionCodeプロパティで参照可能です。取得したVersion name情報を、About画面で表示するために、TextViewで設定しています。

　なお、getPackageInfoメソッドは、**例外**が発生する場合があります。ただしここでは、packageNameプロパティを参照して、存在するパッケージ名を引数に指定しているため、例外は発生しません。例外が発生するのは、インストールされていないアプリなどの無効なパッケージ名を指定した場合です。

例外とは

例外とは、予期しないエラー（ファイルが見つからない、ネットワークがつながらないなど）を通知するためのしくみのことです。Kotlinでは、エラー情報などが含まれた**例外クラス**を生成することで、例外を通知します。例外クラスのオブジェクトを生成することを、**例外をスローする**、といいます。

例外を処理するには、**try/catchブロック**を用います。tryブロックには、例外が発生する可能性があり、例外を検出したい処理を記述します。catchブロックには、例外が発生したときの処理を記述します。tryブロックで例外が発生すると、すぐにcatchブロックの処理に移ります。

構文 try/catchブロック

```
try {
    例外を検出したい処理
}
catch（変数名: 例外クラス）{
    例外が発生したときに行う処理
}
```

getPackageInfoメソッドの例外を処理するコードは、次のようになります。

```
try {
    val info = packageManager.getPackageInfo(調べたいパッケージ名, 0)
}
catch (e: PackageManager.NameNotFoundException) {
    パッケージ名が無効のときの処理
}
```

About画面のテーマを定義しよう

About画面用のテーマを前もって定義しておきます。

1 Android Studioのプロジェクトビュー
から、[app]−[res]−[values]−
[themes]−[themes.xml]をダブル
クリックする。

結果▶ themes.xmlの内容が表示される。

2 「</style>」の行の最後で改行したあと
に＜と入力し、表示された候補から
[style]を選択する。

結果▶ 「<style name="">」と入力されて、次の候
補が表示される。

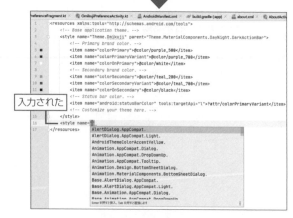

3

「""」のなかに**AboutTheme**と入力し、最後の「"」のあとにスペースを入力する。

結果 候補が表示される。

4

表示された候補から［parent］を選択する。

結果 「parent=""」と入力され、次の候補が表示される。

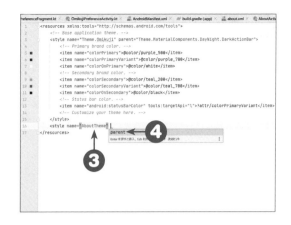

5

表示された候補から［Theme.App Compat.Dialog］を選択する。

結果 「""」のなかに「Theme.AppCompat.Dialog」と入力される。

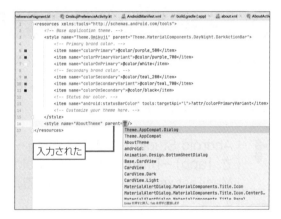

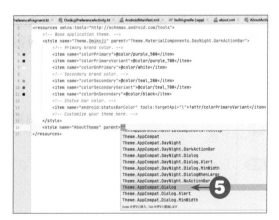

6 最後の「"」のあとに / と入力する。

結果▶ 「/>」と入力される。

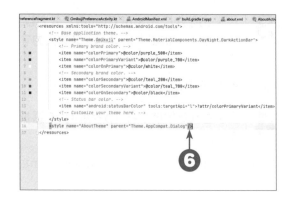

マニフェストファイルに設定を追加しよう

　AboutActivity クラスを、Android のシステムから認識できるように、マニフェストファイル（AndroidManifest.xml）の設定を行いましょう。7.2節の「マニフェストファイルの設定をしよう」と同様の手順です。

1 Android Studio のプロジェクトビューで、[app]－[manifests]－[AndroidManifest.xml] をダブルクリックする。

結果▶ マニフェストファイルが表示される。

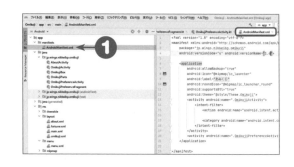

2 「<activity android:name=".OmikujiPreferenceActivity"/>」の行の最後で改行して、< と入力する。

結果▶ 候補が表示される。

3 表示された候補から［activity］を選択する。

結果▶ 「<activity android:name=""」と入力され、次の候補が表示される。

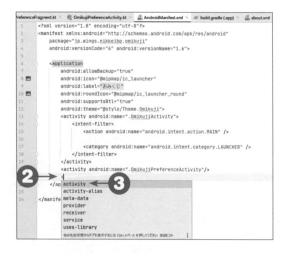

4　表示された候補から［.AboutActivity
（jp.wings.nikkeibp.omikuji）］を選択
する。

結果▶「.AboutActivity」と入力される。

5　最後の「"」のあとにスペースを入力し、
表示された候補から［android:theme］
を選択する。

結果▶「<activity android:theme=""」と入力され、
次の候補が表示される。

```
build.gradle (:app) ×    about.xml ×    AboutActivity.kt ×    themes.xml ×    OmikujiPreferenceActivity.kt ×    main¥An
1    <?xml version="1.0" encoding="utf-8"?>
2    <manifest xmlns:android="http://schemas.android.com/apk/res/android"
3        package="jp.wings.nikkeibp.omikuji"
4        android:versionCode="6" android:versionName="1.6">
5
6        <application
7            android:allowBackup="true"
8            android:icon="@mipmap/ic_launcher"
9            android:label="おみくじ"
10           android:roundIcon="@mipmap/ic_launcher_round"
11           android:supportsRtl="true"
12           android:theme="@style/Theme.Omikuji">
13           <activity
14               android:name=".OmikujiActivity"
15               android:exported="true">
16               <intent-filter>
17                   <action android:name="android.intent.action.MAIN" />
18
19                   <category android:name="android.intent.category.LAUNCHER" />
20               </intent-filter>
21           </activity>
22           <activity android:name=".OmikujiPreferenceActivity"/>
23           <activity android:name=
24       </application>
25
26   </manifest>
```

　　　.AboutActivity (jp.wings.nikkeibp.omikuji)
　　　.OmikujiPreferenceActivity (jp.wings.nikkeibp.omikuj
　　　.OmikujiActivity (jp.wings.nikkeibp.omikuji)
Enter を押すと挿入、Tab を押すと置換します

4

```
PreferenceFragment.kt ×    OmikujiPreferenceActivity.kt ×    AndroidManifest.xml ×    build.gradle (:app) ×    about.xml
1    <?xml version="1.0" encoding="utf-8"?>
2    <manifest xmlns:android="http://schemas.android.com/apk/res/android"
3        package="jp.wings.nikkeibp.omikuji"
4        android:versionCode="6" android:versionName="1.6">
5
6        <application
7            android:allowBackup="true"
8            android:icon="@mipmap/ic_launcher"
9            android:label="おみくじ"
10           android:roundIcon="@mipmap/ic_launcher_round"
11           android:supportsRtl="true"
12           android:theme="@style/Theme.Omikuji">
13           <activity android:name=".OmikujiActivity">
14               <intent-filter>
15                   <action android:name="android.intent.action.MAIN" />
16
17                   <category android:name="android.intent.category.LAUNCHER" />
18               </intent-filter>
19           </activity>
20           <activity android:name=".OmikujiPreferenceActivity"/>
21           <activity android:name=".AboutActivity
22       </application>
23
24   </manifest>
```

入力された

```
PreferenceFragment.kt ×    OmikujiPreferenceActivity.kt ×    AndroidManifest.xml ×    build.gradle (:app) ×    about.xml
1    <?xml version="1.0" encoding="utf-8"?>
2    <manifest xmlns:android="http://schemas.android.com/apk/res/android"
3        package="jp.wings.nikkeibp.omikuji"
4        android:versionCode="6" android:versionName="1.6">
5
6        <application
7            android:allowBackup="true"
8            android:icon="@mipmap/ic_launcher"
9            android:label="おみくじ"
10           android:roundIcon="@mipmap/ic_launcher_round"
11           android:supportsRtl="true"
12           android:theme="@style/Theme.Omikuji">
13           <activity android:name=".OmikujiActivity">
14               <intent-filter>
15                   <action android:name="android.intent.action.MAIN" />
16
17                   <category android:name="android.intent.category.LAUNCHER" />
18               </intent-filter>
19           </activity>
20           <activity android:name=".OmikujiPreferenceActivity"/>
21           <activity android:name=".AboutActivity" |
22       </application>
23
24   </manifest>
```

　　　android:showWhenLocked
　　　android:singleUser
　　　android:splitName
　　　android:stateNotNeeded
　　　android:supportsPictureInPicture
　　　android:taskAffinity
　　　android:theme　◀━**5**
　　　android:turnScreenOn
　　　android:uiOptions
　　　android:visibleToInstantApps
　　　android:windowSoftInputMode
　　　node
Enter を押すと挿入、Tab を押すと置換します 次のヒント

6 表示された候補から［@style/About Theme］を選択する。

結果 「@style/AboutTheme」と入力される。

7 最後の「"」のあとに/と入力する。

結果 「/>」と入力される。

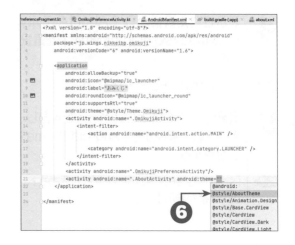

Activityにテーマを追加する

　マニフェストファイルの設定は、先ほどのOmikujiPreferenceActivityの設定とほとんど同じです。ただし、AboutActivityでは、**テーマ**を変更しています。

　テーマは、画面の表示スタイルを一括して指定できる機能です。あらかじめ複数のテーマが定義されていますので、それらを指定することで、さまざまな表示スタイルが利用可能です。

　ここでは、［Theme.AppCompat.Dialog］というテーマを適用しています。Theme.AppCompat.Dialogは、通常のActivityのように全画面になるのではなく、ダイアログのようにオーバーラップする画面表示になります。

メニューからAboutActivityを呼び出そう

オプションメニューで［おみくじアプリについて］が選択されたら、AboutActivityを呼び出すコードを追加しましょう。

1 Android Studioのプロジェクトビューで、［OmikujiActivity］をダブルクリックする。

結果 OmikujiActivity.ktが表示される。

2 onOptionsItemSelectedメソッドを、次のように変更する（色文字部分を追加）。

```
override fun onOptionsItemSelected(item: MenuItem?): Boolean {
    (中略)

    if (item.itemId == R.id.item1) {
        val intent = Intent(this, OmikujiPreferenceActivity::class.java)
        startActivity(intent)
    }
    else {
        val intent = Intent(this, AboutActivity::class.java)
        startActivity(intent)
    }
    return super.onOptionsItemSelected(item)
}
```

3 いったんツールバーの ■［停止］をクリックしてアプリを停止し、ツールバーの ▶［実行］ボタンをクリックする。

結果 おみくじアプリが表示される。

4 メニューボタンをクリックする。

結果 メニューが表示される。

5 ［おみくじアプリについて］をクリックする。

結果 ロゴ画像とバージョン情報が表示される。

About画面をインテントを用いて表示する

　ここで追加したコードは、設定画面を表示するコードとまったく同じです。AboutActivity を設定したIntentオブジェクトを作成し、startActivityメソッドでそのIntentを実行します。オプションメニューの［おみくじアプリについて］を選択すると、About画面が表示されます。

～ もう一度確認しよう！～　チェック項目

☐ メニューの種類は理解しましたか？

☐ メニューの定義は理解しましたか？

☐ メニューの判断の仕方は理解しました？

☐ 設定画面の定義のしくみは理解しましたか？

☐ 設定値を呼び出す方法について理解しましたか？

☐ バージョン情報について理解しましたか？

☐ インテントのしくみについて理解しましたか？

第 8 章

アプリをAndroid端末で動かそう

この章では、アプリを実際のAndroid端末で実行します。まずは、パソコンとAndroid端末をUSBで接続できるようにしましょう。そして、Androidアプリを実機にインストールし、実機を使いながら、Android端末のセンサー機能の使い方や、MotionLayoutの設定方法を学びましょう。

この章で学ぶこと

　この章では、Android端末ならではの次の機能を追加します。追加した機能は、おみくじアプリを実際のAndroid端末で実行して確認します。

- 加速度センサーを使ったシェイク動作の判定
- MotionLayoutでのアニメーション

　その過程を通して、この章では、次のような内容を学習します。

- Androidのセンサーとは
- 加速度センサーの使い方
- シェイク動作の判定方法
- MotionLayoutの設定方法

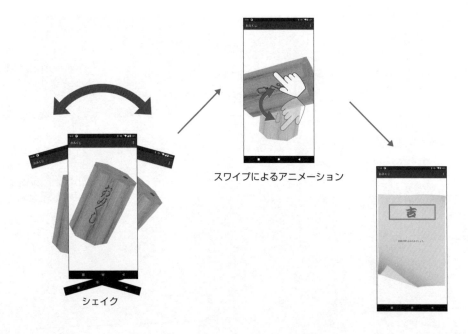

スワイプによるアニメーション

シェイク

実際の Android 端末で 実行してみよう

ここでは、作成したおみくじアプリを Android 端末の実機で実行してみます。

Android アプリを実機にインストールする前に

作成したアプリを Android 端末の実機（以下「Android 実機」と呼びます）にインストールするには、次のような方法があります。

- ・Android 実機をパソコンと USB 接続して Android Studio 上からインストールする
- ・アプリのインストールファイルを作成し、SD カードなどを経由してインストールする
- ・Google Play ストアを経由する（第 9 章で Google Play に登録する方法を学びます）

この章では、Android Studio から実行できる、**USB 接続**によるインストールを行います。この場合、最初に USB 接続するための**ドライバー**（Android 開発者向けの ADB 用 USB ドライバー）を、パソコンにインストールする必要があります。ADB 用 USB ドライバーは、Android 端末ごとに異なるので、お持ちの実機の操作説明書や端末メーカーのサイトで確認し、インストールしてください。なお、実機によっては、パソコンに USB 接続するだけでドライバーがインストールされます。

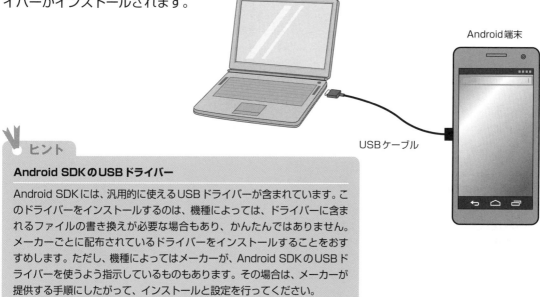

Android 端末

USB ケーブル

ヒント

Android SDK の USB ドライバー

Android SDK には、汎用的に使える USB ドライバーが含まれています。このドライバーをインストールするのは、機種によっては、ドライバーに含まれるファイルの書き換えが必要な場合もあり、かんたんではありません。メーカーごとに配布されているドライバーをインストールすることをおすすめします。ただし、機種によってはメーカーが、Android SDK の USB ドライバーを使うよう指示しているものもあります。その場合は、メーカーが提供する手順にしたがって、インストールと設定を行ってください。

Androidアプリをインストールする準備をしよう

Android実機でアプリを実行する前に、USBドライバーのインストールと、実機の設定を行います。ここでは、Android 11での手順を説明します。

1 Android実機の［設定］画面を開き、［システム］−［デバイス情報］をタップする（機種によっては［設定］画面を開くと［デバイス情報］がある）。

結果 ［デバイス情報］画面が開く。

2 ［ビルド番号］を、7回タップする。

結果 メッセージが表示され、開発者モードになる。

3 戻るボタンで［システム］画面に戻る（機種によっては［設定］画面まで戻ってから［システム］−［詳細設定］をタップする）。

結果 ［開発者向けオプション］が表示されている。

ヒント

接続するだけでUSBドライバーがインストールされる機種もある

前ページで紹介したように、お使いのAndroid実機によっては、パソコンにUSB接続するだけで、必要なUSBドライバーがインストールされます。この場合は、手順❻をスキップして手順❼を行うだけで、ドライバーがインストールされてAndroid実機が認識されます。

4 ［開発者向けオプション］をタップする。

結果 ［開発者向けオプション］画面が開く。

5 ［USBデバッグ］をオンにする。

結果 パソコンからAndroid実機への操作が可能になる。

6 Android実機をパソコンに認識させるため、Android端末のメーカーが提供するUSBドライバーをパソコンにインストールする。

7 Android実機とパソコンをUSBケーブルで接続する。

結果 WindowsでAndroid実機が認識される。

8 USBデバッグの許可を確認するダイアログが表示された場合は［許可］をタップする。

結果 USBデバッグが可能になる。

9 Windowsのコントロールパネルを開き、［ハードウェアとサウンド］にある［デバイスマネージャー］を選択する。

結果 デバイスマネージャーが開く。

10 ［ポータブルデバイス］をダブルクリックする。

結果 ［ポータブルデバイス］の配下に、認識されたAndroid実機のデバイス名が表示されている。

USBドライバーのインストールとAndroid実機の設定

　USBドライバーが正常にインストールできている場合、Android実機をパソコンに接続すると、手順❾、❿で確認したように、デバイスマネージャーにデバイス名が表示されます。［ポータブルデバイス］の項目がない場合には、USBドライバーのインストールが正常にでき

ていないか、あるいはUSBケーブルの接続そのものに問題があります。USBドライバーのインストールをもう一度実行するか、ケーブルの接続を確認しましょう。

　手順❶～❽では、Android実機の設定を行っています。[USBデバッグ] の設定は、パソコンからAndroid実機を操作できるようにしています。

おみくじアプリを実機で試そう

　それでは、パソコンからAndroid実機に、おみくじアプリをインストールして実行してみましょう。

1 Androidエミュレーターが起動している場合は、 ✕ [閉じる] ボタンをクリックして終了する。

2 Android Studioの下側のツールウィンドウバーにある [Logcat] ボタンをクリックする。

結果 ▶ [Logcat] ウィンドウが表示される。

3 [Logcat] ウィンドウに、Android実機の情報が表示されていることを確認する。

4 ツールバーの ▶ [実行]ボタンの左に、実機のデバイス名が表示されていることを確認して、ボタンをクリックする。

結果 ▶ Android実機におみくじアプリがインストールされて起動する。

5 メニューボタンをタッチする。

結果 ▶ おみくじアプリのメニューが表示される。

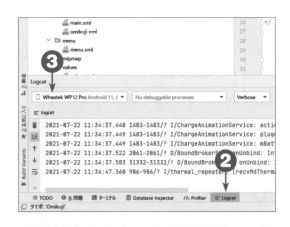

ヒント

Android実機にメッセージが表示されたときは

パソコンからAndroid実機にアプリをインストール
して実行するときに、Android実機に、許可を求める
メッセージが表示されることがあります。このよう
なときは、[はい] や [OK] など、操作を続ける選択
肢を選んで操作を進めてください。

Android Studioから実機を操作するには

　Android Studioの [Logcat] ウィンドウを利用すると、USBドライバーが正しくインス
トールされてUSB接続できているかを、Android Studioで確認することができます。
[Logcat] ウィンドウは、Android端末の実機やエミュレーター内で実行しているアプリの情
報、メモリの状態などを表示するものです。

　USB接続したあとで、[Logcat] ウィンドウにAndroid実機の情報が表示されない場合は、
やはりUSBドライバーがインストールできていない可能性があります。

　手順❹では、Android StudioからAndroid実機にアプリをインストールして実行していま
す。このようにAndroid Studioを使えば、エミュレーターを利用するのとまったく同じ手順
でアプリを実行できます。

ヒント

Android実機の画面キャプチャ

[Logcat] ウィンドウにあるカメラアイコンをクリックすると、接続しているAndroid実機の画面をキャプチャする
ことができます。

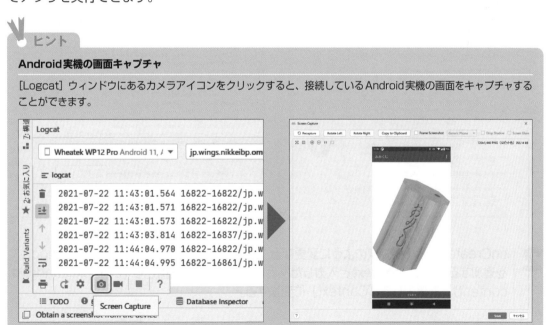

センサーを試してみよう

8.2

実際のおみくじ箱を振るように、Android実機自体をシェイクする動きを判断して、アニメーションを開始するようにしてみましょう。

加速度センサーを使ってみよう

Android端末をシェイクしたかどうかを検知するために、**加速度センサー**を利用します。まずここでは、加速度センサーの基本的な使い方を学びましょう。

1 OmikujiActivityクラスのプロパティとして、SensorManagerクラスの変数を追加する（色文字部分）。import文を追加するために、**sensor**と入力したあとに、表示された候補から［SensorManager（android.hardware）］を選択して「SensorManager」に変換する。

```
class OmikujiActivity : AppCompatActivity() {

    lateinit var manager: SensorManager

    (中略)
```

結果 「import android.hardware.SensorManager」の行が追加される。

```
11    import androidx.appcompat.app.AppCompatActivity
12    import androidx.preference.PreferenceManager
13    import jp.wings.nikkeibp.omikuji.databinding.FortuneBinding
14    import jp.wings.nikkeibp.omikuji.databinding.OmikujiBinding
15
16    class OmikujiActivity : AppCompatActivity() {
17
18        lateinit var manager: sensor
19                                  ⊙ Sensor (android.hardware)
20        // おみくじ棚の配列        ⊙ SensorAdditionalInfo (android.hardware)
21        val omikujiShelf =        ⊙ SensorDirectChannel (android.hardware)
22        { OmikujiParts(R.dr       ⊙ SensorEvent (android.hardware)
                                     ⊙ SensorEventCallback (android.hardware)
24        // おみくじ番号保管用      ⊙ SensorEventListener (android.hardware)
25        var omikujiNumber = O     ⊙ SensorEventListener2 (android.hardware)
26                                  ⊙ SensorManager (android.hardware)  ◀━━❶
27        val omikujiBox = On       ⊙ SensorListener (android.hardware)
                                     Enter を押すと挿入し、Tab を押すと置換します
29        lateinit var binding: OmikujiBinding
30
31        override fun onCreateOptionsMenu(menu: Menu?): Boolean {
32            menuInflater.inflate(R.menu.menu, menu)
33            return super.onCreateOptionsMenu(menu)
34        }
```

```
1     package jp.wings.nikkeibp.omikuji
2
3     import android.content.Intent
4     import android.hardware.SensorManager    ◀━ 追加された
5     import android.os.Bundle
6     import android.util.Log
7     import android.view.Menu
8     import android.view.MenuItem
9     import android.view.MotionEvent
10    import android.view.View
11    import android.widget.Toast
12    import androidx.appcompat.app.AppCompatActivity
13    import androidx.preference.PreferenceManager
14    import jp.wings.nikkeibp.omikuji.databinding.FortuneBinding
15    import jp.wings.nikkeibp.omikuji.databinding.OmikujiBinding
16
17    class OmikujiActivity : AppCompatActivity() {
18
19        lateinit var manager: SensorManager    ◀━ 変換された
20
21        // おみくじ棚の配列
22        val omikujiShelf = Array<OmikujiParts>(20)
23        { OmikujiParts(R.drawable.result2, R.string.contents1) }
24
```

2 onCreateメソッドを、次のように変更する（色文字部分を追加）。手順1と同様、import文を追加するために、**context**と入力したあとに、表示された候補から［Context（android.content）］を選択して「Context」に変換する。

```
override fun onCreate(savedInstanceState: Bundle?) {
    super.onCreate(savedInstanceState)
    binding = OmikujiBinding.inflate(layoutInflater)
    setContentView(binding.root)

    manager = getSystemService(Context.SENSOR_SERVICE) as SensorManager

    val pref = PreferenceManager.getDefaultSharedPreferences(this)

    （中略）
```

結果▶ 「import android.content.Context」の行が追加される。

3 「class OmikujiActivity : AppCompatActiviy」の行にある［OmikujiActivity］をク
リックして選択したあとに、Android Studioの［コード］メニューから［メソッドのオー
バーライド］を選択する。

結果▶ ［メンバーをオーバーライドする］ダイアログが表示される。

4 ［androidx.fragment.app.FragmentActivity］の配下にある［onPause( ): Unit］と
［onResume( ): Unit］を、Ctrlキーを押しながらクリックして両方とも選択する。

5 そのほかの設定はそのままにして、［OK］ボタンをクリックする。

結果▶ OmikujiActivityクラスに、次のようにonResumeメソッドとonPauseメソッドが追加される。

```
override fun onResume() {
    super.onResume()
}

override fun onPause() {
    super.onPause()
}
```

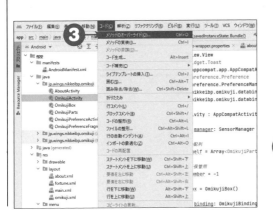

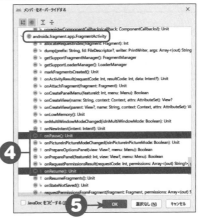

6 onPauseメソッドを、次のように変更する（色文字部分を追加）。

```kotlin
override fun onPause() {
    super.onPause()
    manager.unregisterListener(this)
}
```

結果 「unregisterListener」に、赤い波線が引かれる。

7 onResumeメソッドを、次のように変更する（色文字部分を追加）。最初の行の getDefaultSensorメソッドの引数では、**sensor**と入力して、表示されたメニューから [Sensor (android.hardware)] を選択して「Sensor」に変換する。

```kotlin
override fun onResume() {
    super.onResume()

    val sensor = manager.getDefaultSensor(Sensor.TYPE_ACCELEROMETER)
    manager.registerListener(this, sensor, ⏎
                             SensorManager.SENSOR_DELAY_NORMAL)
}
```

結果 次の行が追加される。また、registerListenerメソッドに赤い波線が引かれる。

```kotlin
import android.hardware.Sensor
```

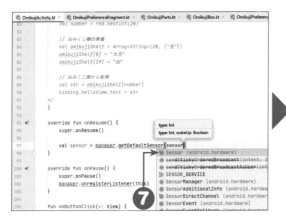

8 OmikujiActivityのクラス宣言を次のように変更する。**, sensor**と入力したあとに、表示されたメニューから [SensorEventListener (android.hardware)] を選択して「Sensor EventListener」に変換する。

```
class OmikujiActivity : AppCompatActivity(), SensorEventListener {
```

結果 次の行が追加される。また、OmikujiActivityの宣言に赤い波線が引かれる。

```
import android.hardware.SensorEventListner
```

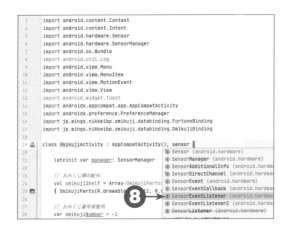

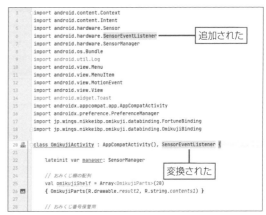

9 OmikujiActivityクラスの宣言で発生しているエラーを修正するために、Android Studio の [コード] メニューから [メソッドのオーバーライド] を選択する。

結果 [メンバーをオーバーライドする] ダイアログが表示される。

10 ［android.hardware.sensorEventListener］の配下にある2行を、[Ctrl]キーを押しながらクリックして両方とも選択する。

11 そのほかの設定はそのままにして、［OK］ボタンをクリックする。

結果 OmikujiActivityクラスに、onSensorChangedメソッドとonAccuracyChangedメソッドが追加される。

```kotlin
override fun onSensorChanged(p0: SensorEvent?) {
    TODO("Not yet implemented")
}

override fun onAccuracyChanged(p0: Sensor?, p1: Int) {
    TODO("Not yet implemented")
}
```

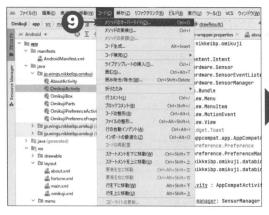

12 onSensorChangedメソッドの内容を、次のように変更する（色文字部分を追加、変更）。
また、onAccuracyChangedメソッドのTODO文を削除する（網掛け部分）。

```kotlin
override fun onSensorChanged(event: SensorEvent?) {
    val value = event?.values?.get(0)
    if (value != null && 10 < value) {
        Toast.makeText(this, "加速度：${value}", Toast.LENGTH_LONG).show()
    }
}

override fun onAccuracyChanged(sensor: Sensor?, accuracy: Int) {
    TODO("not implemented")
}
```

13 いったんツールバーの ■ ［停止］をク
リックしてアプリを停止し、ツールバーの
▶ ［実行］ボタンをクリックする。

結果▶ Android実機でアプリが起動する。

14 実機を手に持って振る。

結果▶ 加速度センサーの値がトーストで表示され
る。しばらく静止させると、表示が消える。

センサーを利用するには

センサーとは、いろいろな物理的な変化を、電気信号などの量に変換するものです。たいてい
いのAndroidの実機では、いくつかのセンサーが搭載されています。Android端末の横向き、
縦向きで画面が切り替わる機能も、このセンサーを利用しています。

Android SDKにあるSensorクラスで定義されている、主なセンサーは次のとおりです。

定数名	概要
TYPE_ACCELEROMETER	加速度センサー
TYPE_GYROSCOPE	ジャイロセンサー
TYPE_LIGHT	照度センサー
TYPE_MAGNETIC_FIELD	磁界センサー
TYPE_ORIENTATION	傾きセンサー
TYPE_PRESSURE	圧力センサー
TYPE_PROXIMITY	近接センサー
TYPE_AMBIENT_TEMPERATURE	温度センサー

　なお、このようなセンサーすべてを、Android実機で使用できるとは限りません。そのため、センサーを利用する前には、利用したいセンサーが搭載されていることを確認するコードが必要となります。

　Androidのセンサーの値を利用するコードは、次のような流れになります。

（1）SensorManagerを取得する
（2）利用したいセンサーオブジェクトを取得する
（3）イベントリスナー（SensorEventListener）を登録／解除する
（4）イベントリスナーを実装してセンサー値を取得する

SensorManagerを取得する

　Androidアプリからセンサーを利用するには、まず、Android SDKに含まれるSensor Managerクラスを使用します。

　手順❶、❷では、次のようなコードを追加しました。なお、実際のコードでは、変数managerは複数のメソッドで使用するため、プロパティとして宣言しています。また、onCreateメソッドで初期化を行うため、lateinitキーワードをつけています。

```
lateinit var manager: SensorManager
manager = getSystemService(Context.SENSOR_SERVICE) as SensorManager
```

　getSystemServiceメソッドを使って、SensorManagerクラスのインスタンスを取得します。getSystemServiceメソッドはActivityクラスで利用可能で、システム的なサービスのインスタンスを取得するものです。getSystemServiceメソッドの引数に、SENSOR_

SERVICEという定数を指定すると、セン
サーを制御するサービス（SensorManager
クラス）のインスタンスを得られます。

　なお、getSystemServiceメソッドの戻
り値は、すべてのクラスの親クラスである
Anyクラスとなっているため、asキーワー
ドを使って、SensorManagerクラスを指
定しています。

利用したいセンサーオブジェクトを取得する

　次に、利用したいセンサーオブジェクトを取得します。各センサーの情報を取得するには、
SensorManagerクラスのgetDefaultSensorメソッドを実行します。

```
val sensor = manager.getDefaultSensor(Sensor.TYPE_ACCELEROMETER)
```

　getDefaultSensorメソッドの引数には、利用したいセンサーを表す定数（先ほどの表の
値）を指定します。

　Sensor.TYPE_ACCELEROMETERは、
加速度センサーを示しています。**加速度**と
は、単位時間あたりの速度の変化のことで
す。Androidの加速度センサーは、Android
実機が動くときに働く加速度を測定します。
次の図のようにx軸、y軸、z軸の加速度を、
m/s^2（メートル毎秒毎秒）の単位で取得で
きます。

　指定のセンサーが搭載されていれば、
getDefaultSensorメソッドの戻り値とし
て、センサーオブジェクトが取得できます。

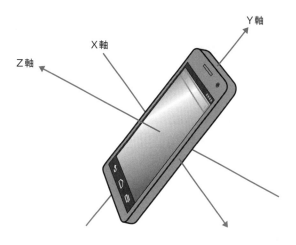

イベントリスナーを登録／解除する

　センサーに対するイベントリスナー（SensorEventListenerインターフェースを実装した
クラス）は、登録と解除を対で行う必要があります。ここまでの本書でのイベントリスナーは、
アプリ自身のイベントを監視するだけでよいものでした。ところがAndroidのセンサーは、ひ
とつのアプリだけではなく、システムで共通の資源です。そのためイベントリスナーは、
Androidのシステム側に登録する必要があります。また、この場合、イベントリスナーの解除
も、アプリでセンサーを利用しなくなったタイミングで、アプリ自身が行わないといけません。

　通常、イベントリスナーの登録と解除は、それぞれonResumeメソッド、onPauseメソッ
ドが呼び出されるタイミングで行います。つまり、アプリが画面に表示されている間だけ、イ
ベントを検知することになります。

　手順❼では、onResumeメソッドを変更し、registerListenerメソッドを用いてイベント
リスナーをシステムに登録しています。

```
manager.registerListener(this, sensor, SensorManager.SENSOR_DELAY_NORMAL)
```

　registerListenerメソッドは、3つの引数を指定します。第1引数はイベントリスナーを実
装したオブジェクト、第2引数はSensorオブジェクト、第3引数はセンサーの通知頻度を示
す定数を指定します。

　第3引数の、センサーの通知頻度を示す定数は、次のように定義されています。ここでは、
微妙な変化を捕らえる必要はありませんので、SENSOR_DELAY_NORMALを指定していま
す。

定数名	概要
SENSOR_DELAY_FASTEST	端末がセンサー値を通知できるもっとも早い通知頻度
SENSOR_DELAY_GAME	各種センサーを利用したゲームに適した通知頻度
SENSOR_DELAY_NORMAL	通常の通知頻度
SENSOR_DELAY_UI	ユーザーインターフェース利用等に適した通知頻度

　手順❻では、onPauseメソッドを変更し、次のようにunregisterListenerメソッドを実行
してイベントリスナーの解除を行っています。

```
manager.unregisterListener(this)
```

イベントリスナーを実装してセンサー値を取得する

イベントリスナーを実装してセンサー値を取得するには、SensorEventListenerインターフェースで定義されている、次の2つのメソッドを利用します。

メソッド名	呼び出されるタイミング
onAccuracyChanged	センサーの精度が変更されるとき
onSensorChanged	センサーの値が変更されるとき

手順⓬では、次のようにonSensorChangedメソッドのみを変更しています。

```
val value = event?.values?.get(0)
if (value != null && 10 < value) {
    Toast.makeText(this, "加速度：${value}", Toast.LENGTH_LONG).show()
}
```

onSensorChangedメソッドの引数には、センサーのイベント情報を管理するSensorEventオブジェクトが渡されます。加速度センサーの値は、このSensorEventオブジェクトのプロパティvaluesに、配列として保持されていて、x軸、y軸、z軸の順となっています。ここでは、getメソッドで、x軸の加速度である0番目の要素を取得しています。その値が10より大きければ、値をトーストで表示するようにしています。なお、valueは、nullの場合もありえるので、そのときも表示しないようにします。

シェイクを検知してみよう

8.3

加速度センサーの値を利用して、Android実機をシェイクしたかどうかを判定します。そして、ボタンを押す代わりにシェイクして、おみくじ箱がアニメーションするようにしましょう。

シェイクを判定しよう

シェイクを判定するコードを、おみくじ箱のクラスに追加します。

1 Android Studioのプロジェクトビューで、[OmikujiBox]をダブルクリックする。

結果 OmikujiBox.ktが表示される。

2 OmikujiBoxクラスにプロパティを追加する（色文字部分を追加）。

```
class OmikujiBox: Animation.AnimationListener {

    var beforeTime = 0L
    var beforeValue = 0F

    (中略)
```

3 OmikujiBoxクラスに、次のようにchkShakeメソッドを追加する（色文字部分）。1行目では、**sensor**と入力したあとに、表示されたメニューから[SensorEvent (android. hardware)]を選択して「SensorEvent」に変換する。

```
fun chkShake(event: SensorEvent?): Boolean {

    val nowtime = System.currentTimeMillis()
    val difftime: Long = nowtime - beforeTime
    val nowvalue: Float = (event?.values?.get(0) ?: 0F) + ⮞
            (event?.values?.get(1) ?: 0F)

    if (1500 < difftime) {

        // 前回の値との差からスピードを計算
        val speed = Math.abs(nowvalue - beforeValue) / difftime * 10000
        beforeTime = nowtime
        beforeValue = nowvalue

        // 50を超えるスピードでシェイクしたとみなす
        if(50 < speed) {
            return true
```

```
                }
            }
            return false
        }
```

結果 「import android.hardware.SensorEvent」の行が追加される。

4 Android Studioのプロジェクトビューで、[OmikujiActivity] をダブルクリックする。

結果 OmikujiActivity.ktが表示される。

5 OmikujiActivityクラスのonSensorChangedメソッドを、次のように変更する（色文字部分を追加）。

```
override fun onSensorChanged(event: SensorEvent?) {

    if (omikujiBox.chkShake(event)) {
        if (omikujiNumber < 0) {
            omikujiBox.shake()
        }
    }
/*
    val value = event?.values?.get(0)
    if (value != null && 10 < value) {
        Toast.makeText(this, "加速度：${value}", Toast.LENGTH_LONG).show()
    }
*/
}
```

6 いったんツールバーの ■ [停止]をクリックしてアプリを停止し、ツールバーの ▶ [実行]ボタンをクリックする。

結果 Android実機でアプリが起動する。

7 実機を手に持って振る。

結果 おみくじ箱のアニメーションが行われる。

OmikujiBoxクラスにシェイクを検知する機能を追加する

シェイクしたかどうかの判定は、加速度センサーを利用して、一定の加速度が得られたかどうかで代用します。

まず手順❷では、OmikujiBoxクラスのプロパティとして、加速度の値と、そのときの時刻を保持する変数を追加します。

```
var beforeTime = 0L
var beforeValue = 0F
```

次の手順❸では、chkShakeメソッドという、シェイク動作を判定するメソッドを追加しています。

```
fun chkShake(event: SensorEvent?): Boolean {          1

    val nowtime = System.currentTimeMillis()
    val difftime: Long = nowtime - beforeTime
    val nowvalue: Float = (event?.values?.get(0) ?: 0F) + ➡        2
            (event?.values?.get(1) ?: 0F)

    if (1500 < difftime) {          3

        // 前回の値との差からスピードを計算
        val speed = Math.abs(nowvalue - beforeValue) / difftime * 10000          4
```

```
        beforeTime = nowtime
        beforeValue = nowvalue            5

        // 50を超えるスピードでシェイクしたとみなす
        if(50 < speed) {
            return true
        }                          6
    }
    return false
}
```

■ のchkShakeメソッドでは、センサーのイベント情報を管理するSensorEventオブジェクトを引数にします。

chkShakeメソッドではまず、ローカル変数の設定を行います（■）。変数nowtimeには、システムの現在時刻を取得して格納しています。System.currentTimeMillisメソッドは、1970/1/1の0時からの時間を、ミリ秒で得られるメソッドです。そして、保存しておいた時刻（beforeTime）との差を、変数difftimeに代入しています。変数beforeTimeには、前回chkShakeメソッドで使用したnowtimeの値が入っていますので、difftimeは前回からの経過時間を求めていることになります。

また、変数nowvalueには、加速度センサーの値を合計して代入しています。なお、z軸の加速度は、シェイクする動作にはあまり影響しないようなので、ここでは、x軸とy軸の加速度のみ合計しています。

■ のif文では、変数difftime（経過時間）が1500より大きいときのみ処理をしています。これは、約1.5秒（1500ミリ秒）間隔で判定をする、という意味です。

■ のローカル変数speedは、端末を動かすスピードとして、前回判定時との加速度の変化量を求めています。少々乱暴な計算ですが、厳密な測定ではありませんので、シェイク動作の判断には問題ありません。加速度の変化量は、絶対値で判断しますので、Math.absメソッドを使って絶対値に変換しています。

そのあと、時刻と値を、プロパティのbeforeTimeとbeforeValueに保存しています（■）。こちらの値は、次回の判定に利用します。

シェイクしたかどうかの判断は、変数speedの値を利用しています（■）。値が50を超えた場合には、戻り値のtrueを返します。それ以外の場合は、falseを返しています。

なお、1.5秒間隔や、スピードの50といった値は、絶対的なものではありません。この値は、本書で使用したAndroid実機を、実際に振ってみて調整した値です。お使いの機種によっては、変更が必要かもしれません。

エルビス演算子（?:）

変数nowvalueの計算に用いている、X軸とY軸の加速度の値は、それぞれ、event?.values?.get(0)、event?.values?.get(1)で参照できます。ただし、この値はnullになる可能性があります。nullでは加算処理ができないため、ここでは、**エルビス演算子**（?:）を使って、nullの場合には、代わりに0を合算するようにしています。エルビス演算子は、演算子の左辺がnullならば、右辺を返すという演算子です。

OmikujiActivityクラスにシェイクを判断するメソッドを追加する

手順❺では、加速度センサーの値が変化したときに呼び出されるonSensorChangedメソッドを変更しています。先ほど追加したOmikujiBoxクラスのchkShakeメソッドを利用して、シェイク動作を判定します。

```
if (omikujiBox.chkShake(event)) {
    if (omikujiNumber < 0) {
        omikujiBox.shake()
    }
}
```

chkShakeメソッドの戻り値がtrueで、おみくじ番号の準備ができていれば（omikujiNumberプロパティの戻り値が0より大きい場合）、shakeメソッドを呼び出して、アニメーション処理を行うようにしています。

MotionLayoutでおみくじ箱を動かそう

8.4

API 21から利用できるMotionLayoutを使って、おみくじ箱をスワイプで動かせるようにしてみましょう。

レイアウトを変更しよう

レイアウトファイルをLinearLayoutからMotionLayoutに変更します。

1 Android Studioのプロジェクトビューで、[app]ー[res]ー[layout]ー[Omikuji.xml] をダブルクリックしてレイアウトエディターを表示する。デザインビュー表示ではない場合、右上の [Design] タブをクリックして表示を切り替える。

結果 レイアウトがデザインビューで表示される。

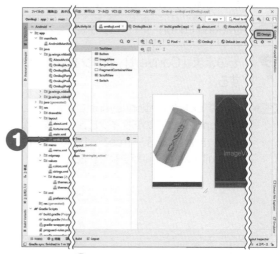

2 [Component Tree] 欄にある [Linear Layout] を選択して右クリックする。

結果 メニューが表示される。

3 表示されたメニューから [Convert LinearLayout to Constraint Layout] を選択する。

結果 [Convert to ConstraintLayout] ダイアログが表示される。

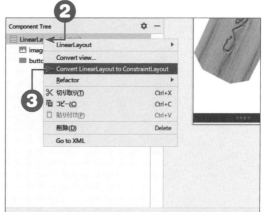

4 そのまま［OK］をクリックする。

結果▶ レイアウトがConstraintLayoutに変換される。

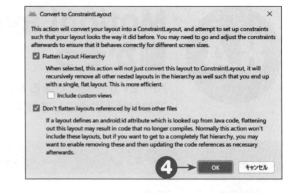

5 もう一度、［Component Tree］欄にある［linearLayout］を選択して右クリックする。

結果▶ メニューが表示される。

6 表示されたメニューから［Convert to MotionLayout］を選択する。

結果▶ ［Motion Editor］ダイアログが表示される。

7 そのまま［Convert］ボタンをクリックする。

結果▶ レイアウトがMotionLayoutに変換され、MotionLayout用のデザインビューが表示される。また、［app］－［res］－［xml］配下にomikuji_scene.xmlが自動で作成される。

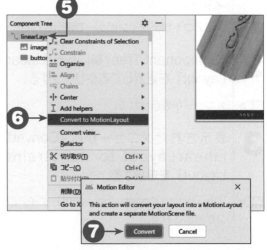

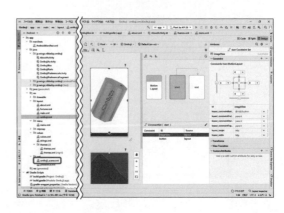

ConstraintLayout、MotionLayoutとは

MotionLayoutを使うと、レイアウト内のビューをアニメーションさせることができます。またMotionLayoutは、**ConstraintLayout**というレイアウトから派生したレイアウトなので、ConstraintLayoutの持つ機能をすべて使用することができます。

ConstraintLayoutとは、Android Studio 2.2から使えるようになった新しいレイアウトです。従来のレイアウトよりも、ビューのサイズや位置を柔軟に設定でき、異なる画面サイズに対応できる、いわゆるレスポンシブな画面を作りやすいレイアウトになっています。

ConstraintLayoutの「Constraint」とは、「制約」や「制限」という意味です。レイアウトで何を制限するのかというと、レイアウト内の各ビューの相対的な位置やマージン（余白）などを制限する、ということです。たとえば、2つのビューの上下位置を制限すると、画面サイズが横に広がっても、必ず上下に並ぶレイアウトとなります。

さらにMotionLayoutでは、クリックやスワイプなどのイベントを処理することもできます。この機能を利用すると、アニメーション効果のあるユーザーインターフェースをかんたんに実現できます。

ConstraintLayoutの制限

他のビューとの位置関係やマージン（余白）などの制約

垂直軸との相対位置やマージン（余白）などの制約

MotionLayoutに変更するには

従来のLinearLayoutからMotionLayoutへの変更は、Android Studioのレイアウトエディター上で行うことができます。ただし、いきなりMotionLayoutには変更できないので、いったんConstraintLayoutに変更してから、それをMotionLayoutに変更するようにします。

アニメーションを設定しよう

　ConstraintLayoutやMotionLayoutでは、GUIのレイアウトエディターを使った設定が
かんたんにできるようになっています。MotionLayoutでのアニメーションも、レイアウトエ
ディターを使って設定、編集が可能です。

1 デザインビューの「start」と書かれた画面をクリックし、その下の [Constraint Set（start）] 欄にある、IDが「image View」の行をクリックする。

結果▶ 右側に [Constraint] 設定画面が表示される。

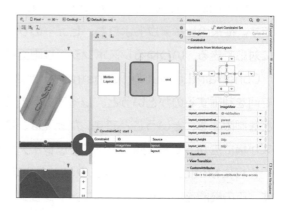

2 [Constraints from start] の入力画面で、上の入力欄に**200**、左の入力欄に**50**と入力する。

結果▶ [layout_maginTop] の値が200、[layout_marginLeft] の値が50と入力され、おみくじ箱の画像が移動する。

3 [Constraint] という見出しの右側にある [＋] をクリックする。

結果▶ 入力欄が追加される。

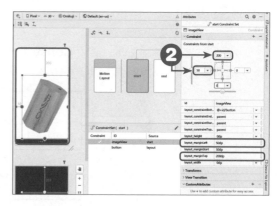

4 追加された入力欄の左側に**rota**と入力し、表示された候補から [android: rotaion] を選択して Enter キーを押す。続けて、入力欄の右側に**-20**と入力して Enter キーを押す。

結果▶ おみくじ箱の画像が回転する。

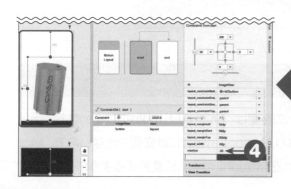

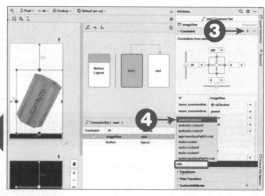

5 [ConstraintSet（start）] 欄にある、IDが「button」の行をクリックする。

結果 右側に [Constraint] 設定画面が表示される。

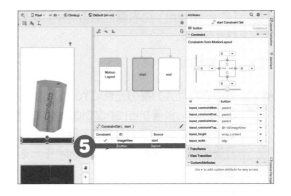

6 [Constraint] という見出しの右側にある [＋] をクリックする。

結果 入力欄が追加される。

7 追加された入力欄の左側に**vi**と入力し、表示された候補から [app:visibility Mode] を選択して[Enter]キーを押す。続けて、入力欄の右側で▼をクリックして [ignore] を選択する。

結果 [ConstraintSet(start)]欄のIDが「button」の行のConstraintに、チェックマークが追加される。

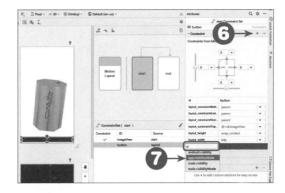

8 デザインビューの「end」と書かれた画面をクリックし、その下の [Constraint Set（end）] 欄にある、IDが「image View」の行をクリックする。

結果 右側に [Constraint] 設定画面が表示される。

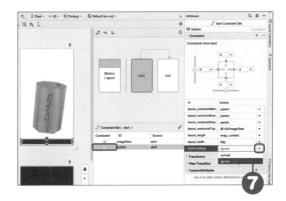

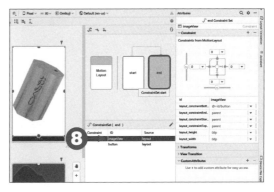

9 ［Constraint］の右側にある［＋］をクリックする。

結果▶ 入力欄が追加される。

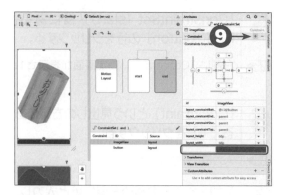

10 追加された入力欄の左側に**ro**と入力し、表示された候補から[android:rotaion]を選択して Enter キーを押す。続けて、入力欄の右側に**50**と入力して Enter キーを押す。

結果▶ おみくじ箱の画像が回転する。

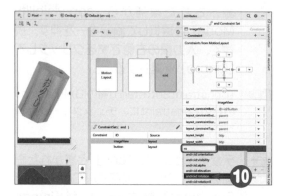

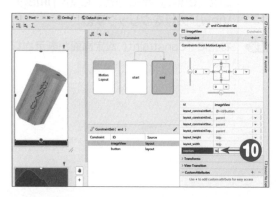

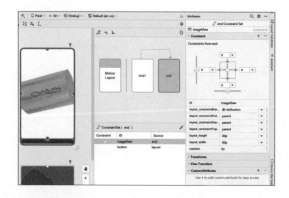

11 [ConstraintSet (end)] 欄にある、ID
が「button」の行をクリックする。

結果 右側に [Constraint] 設定画面が表示され
る。

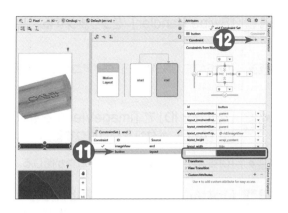

12 [Constraint] という見出しの右側にあ
る [＋] をクリックする。

結果 入力欄が追加される。

13 追加された入力欄の左側に**vi**と入力し、
表示された候補から [app:visibility
Mode] を選択して Enter キーを押す。続
けて、入力欄の右側で▼をクリックして
[ignore] を選択する。

結果 [ConstraintSet(end)] 欄のIDが「button」
の行のConstraintに、チェックマークが追
加される。

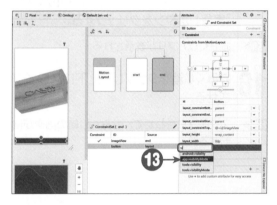

14 [Create click or swipe handler] ボ
タンをクリックする。

結果 ハンドラーの選択一覧が表示される。

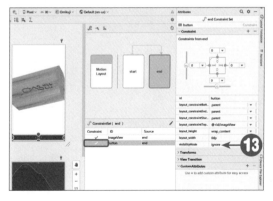

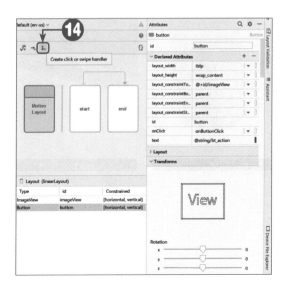

15 [Swipe Handler] をクリックする。

結果 [CREATE ONSWIPE] ダイアログが表示される。

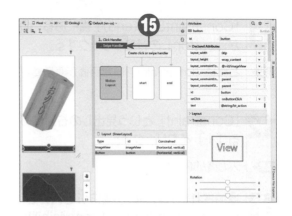

16 [Anchor ID] で [imageView] を選択し、[Add] ボタンをクリックする。

結果 [CREATE ONSWIPE] ダイアログが閉じる。

17 いったんツールバーの ■ [停止] をクリックしてアプリを停止し、ツールバーの [実行] ボタンをクリックする。

結果 おみくじアプリが表示される。

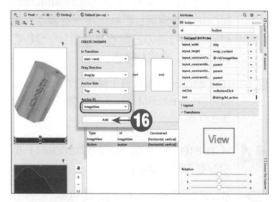

18 おみくじ箱をタップして上下にスワイプさせる。

結果 スワイプに合わせて、おみくじ箱の画像が回転する。

MotionLayoutを設定するには

　MotionLayoutでのアニメーションの設定は、レイアウト本体のXMLファイルとは別の XMLに定義します（omikuji_scence.xml）。ただし、Android Studioのレイアウトエディ ターでは、ファイルが分かれていることを意識することなく、GUIで設定が可能です。

　MotionLayoutのアニメーション設定は、最初の状態、終了時の状態、その間のアニメー ションの状態を定義します。手順❶〜❼では、最初の状態を、おみくじ箱のビューの位置を下 げて、反時計回りに20度回転させた表示にしています。手順❽〜⓭では、おみくじ箱の ビューを時計回りに50度回転させた表示を最後の状態にしています。

　手順⓮〜⓰ではアニメーションの設定を行っていますが、「どのビューをスワイプすれば、ア ニメーションが開始されるか」という定義のみとしています。それ以外は何も設定していませ んが、開始状態から終了状態までアニメーションされるように自動で設定されます（自分で定 義することもできます）。

　レイアウトエディターでは、どのようにアニメーションされるかを確認することもできま す。中央の［start］と［end］の図形の間を結ぶラインをクリックすると、下に［Transition］ というビューが表示されます。左上の開始ボタン▶を押すと、定義されたアニメーションが再 生されます。

レイアウトエディターでのMotionLayout設定

ボタンで運勢表示を行うようにしよう

アニメーション開始を、おみくじ箱のスワイプ操作に設定すると、おみくじ箱のタッチイベントが判定できなくなります。そこで、最後の運勢表示を行うためにボタンを表示するようにします。

1 Android Studioのプロジェクトビューで、[res]－[values]－[strings.xml]をダブルクリックする。

結果▶ strings.xmlの内容が表示される。

2 次のように、ボタン用の文字列リソース（name="bt_result"の行）を追加する（色文字部分）。

```
<resources>
    <string name="app_name">おみくじ</string>
    <string name="bt_action">うらなう</string>
    <string name="bt_result">運勢をみる</string>

    （中略）

</resources>
```

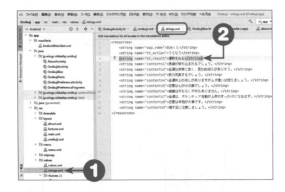

3 Android Studioのプロジェクトビューで、[OmikujiBox]をダブルクリックする。

結果▶ OmikujiBox.ktが表示される。

4 OmikujiBoxクラスに、ボタン用のプロパティomikujiButtonを追加する（色文字部分）。Buttonは、**button**と入力したあとに、表示された候補から［Button (android.widget)］を選択して変換する。

```
class OmikujiBox(): Animation.AnimationListener {

    var beforeTime = 0L
    var beforeValue = 0F

    lateinit var omikujiButton: Button
    lateinit var omikujiView: ImageView

    var finish = false  // 箱から出たか？
    (中略)
```

結果 ▶ 「import android.widget.Button」の行が追加される。

5 onAnimationEndメソッドに、次のコードを追加する。Viewは、**view**と入力したあとに、表示された候補から［View (android.view)］を選択して変換する。

```
override fun onAnimationEnd(p0: Animation?) {
    omikujiView.setImageResource(R.drawable.omikuji2)
    omikujiButton.setText(R.string.bt_result)
    omikujiButton.visibility = View.VISIBLE
    finish = true
}
```

結果 ▶ 「import android.view.View」の行が追加される。

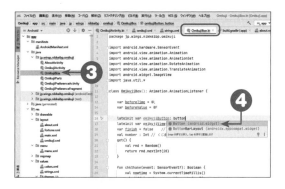

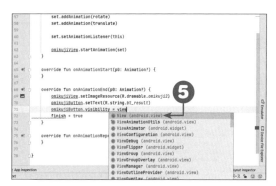

6 Android Studioのプロジェクトビューで、[OmikujiActivity]をダブルクリックする。

結果 OmikujiActivity.ktが表示される。

7 onCreateメソッドで、「omikujiBox.omikujiView = binding.imageView」の行の下に、次のコードを追加する（色文字部分）。

```
override fun onCreate(savedInstanceState: Bundle?) {
    （中略）
    omikujiBox.omikujiView = binding.imageView
    omikujiBox.omikujiButton = binding.button
    （中略）
```

8 onTouchEventメソッドで、次の3行を選択して右クリックし、表示されたメニューから[コピー]を選択する。

```
if (omikujiNumber < 0 && omikujiBox.finish) {
    drawResult()
}
```

結果 選択した3行がコピーされる。

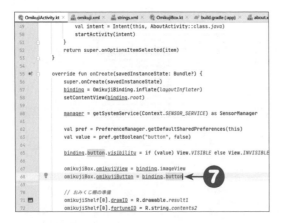

9 onButtonClickメソッドの直後、omikujiBox.shake()のすぐ上の行で右クリックして、表示されたメニューから［貼り付け］を選択する。

結果 コピーした3行が貼り付けられる（色文字部分）。

```
fun onButtonClick(v: View) {

    if (omikujiNumber < 0 && omikujiBox.finish) {
        drawResult()
    }

    omikujiBox.shake()

    (中略)
```

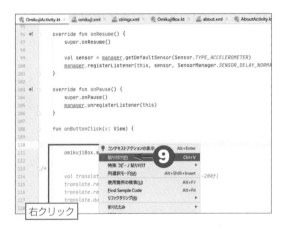

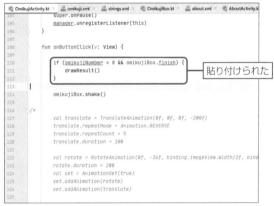

10 いったんツールバーの ■［停止］をクリックしてアプリを停止し、ツールバーの［実行］ボタンをクリックする。

結果 おみくじアプリが表示される。

11 スマートフォンを振る。

結果 おみくじ箱のアニメーションが始まり、その後［運勢をみる］ボタンが表示される。

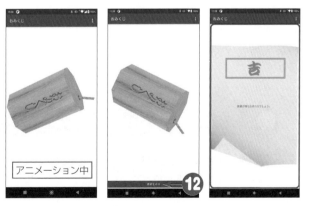

12 表示されたボタンをタッチする。

結果 運勢が表示される。

ボタンの変更

手順❹では、ボタンの制御ができるように、クラスのプロパティomikujiButtonに、ボタンのビューを設定しています。また、手順❺では、ボタンの表示と、ボタンに表示される文字列を変更しています。ボタンの表示処理を追加しているのは、設定でボタンを非表示にしている場合でも表示するためです。

ボタンクリック時の処理の追加

ボタンがクリックされたときの処理として、最初は、おみくじ箱をアニメーションさせるshakeメソッドの呼び出しのみでした。手順❽〜❾では、onTouchEventイベントの処理の代わりとして、ボタンをクリックした場合に、運勢を表示する処理も追加しています。

〜 もう一度確認しよう！〜 チェック項目

☐ Android端末をUSB接続する方法について理解しましたか？

☐ センサーとはどのようなものか理解しましたか？

☐ 加速度センサーの使い方はわかりましたか？

☐ イベントリスナーの登録と解除について理解しましたか？

☐ MotionLayoutは理解しましたか？

☐ アニメーションの設定方法はわかりましたか？

第 **9** 章

アプリを公開しよう

この章では、完成したAndroidアプリをGoogle Playで公開しましょう。アプリを公開するには、まずGoogle Playのデベロッパーアカウントを取得します。それから公開用のインストールファイルを登録します。

この章で学ぶこと

　この章では、開発したアプリを実際に公開する方法を学びます。アプリを公開するには、次の準備と作業が必要です。

- ●Android Studioで公開用インストールファイルを作成
- ●デベロッパーアカウントを取得して、Google Playにインストールファイルを登録

　その過程を通して、この章では、次のような内容を学習します。

- ●アプリの公開用インストールファイルの作成方法
- ●Googleアカウントの開設方法
- ●Google Playのデベロッパー登録方法
- ●アプリの登録方法

Google Play

Google Play Consoleダッシュボード

アプリを公開する準備をしよう

9.1

作成したAndroidアプリをGoogle Playで配布するための準備を行いましょう。

Androidアプリを公開するまでの流れ

作成したAndroidアプリは、Googleが提供する**Google Play**を通して、世界中のユーザーに公開することができます。Google Playで配布するには、次のような準備と手続きが必要です（本書執筆時点）。

(1) 公開用にデジタル署名したAndroid App Bundle（aabファイル）を作成する
(2) Googleアカウントを開設する
(3) デベロッパーアカウントを取得する
　　（有償、登録料はUS$25でクレジットカード決済のみ）
(4) 公開用にアプリのキャプチャ画像、アイコン、説明文を作成する
(5) aabファイルをアップロードする
　　（アプリのキャプチャ画像、アイコン、説明文も含む）

この章では、この手順にしたがって、アプリを登録していきます。

なお本書では、新規にアプリを登録、公開するための基本的な方法のみを解説しています。登録したアプリの修正などは、Android Developersサイト（https://developer.android.com/）を参照してください。

用語

Google Play

Google Play（グーグルプレイ）とは、Googleが提供するアプリケーションストア（Androidアプリや動画をダウンロードできる場所）のことです。以前は「Androidマーケット」という名称でしたが、2012年3月7日に現在の名称に変更されました。

ヒント

登録料はUS$25のみ

本書執筆時点では、デベロッパー登録にかかる費用は、最初に登録するときの25ドルのみです。更新費用や年間費用は不要です。なお支払い方法は、規定のクレジットカードまたはデビットカードのみです。

アプリをAndroid App Bundleファイルにして署名をつけよう

　Google Playに登録するために、完成したAndroidアプリを、公開用のデジタル署名が付加されたAndroid App Bundle形式のファイル、**aabファイル**に変換します。

1 Android Studioで［ビルド］メニューから［Generate Signed Bundle / APK］を選択する。

結果 ［Generate Signed Bundle or APK］ダイアログが表示される。

2 ［Android App Bundle］を選択して、［次へ］ボタンをクリックする。

結果 次の入力画面に切り替わる。

3 ［Create new］ボタンをクリックする。

結果 ［New Key Store］ダイアログが表示される。

4

次の項目を入力して、[OK] をクリック
する。なお、入力文字は通常、半角英数
字にする。

項目	入力
Key store path	キーストアとして保存する任意のパス名（ここでは**C:¥android¥wings.jks**と入力）
Password	任意のパスワード（6文字以上の半角英数字）
Confirm	上記パスワードと同じもの
Alias	任意のキーの別名
Password	任意のパスワード（6文字以上の半角英数字）
Confirm	上記パスワードと同じもの
Validity（years）	25（年数）
First and Last Name	任意の作者名
Organizational Unit	任意の名称
Organization	任意の名称
City or Locality	都市名
State or Province	都道府県名
Country Code（XX）	国コード（日本はJP）

結果 [Generate Signed Bundle / APK] ダイアログに戻る。

5

2つのチェックボックスのチェックをはず
して［次へ］ボタンをクリックする。

結果 次の入力画面に切り替わる。

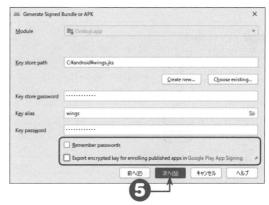

入力値について

[Alias] は、鍵の別名です。2カ所の [Password] は、通常は同じにします（異なるパスワードでも可）。[Validity（years）] は、鍵の有効期限で、25年以上が推奨されています。[First and Last Name] から [Country Code（XX）] までの項目は、省略可能ですが、少なくともいずれか1つの項目を入力する必要があります。

6 ［Destination Folder］欄に、aabファイルの保存先となるフォルダー名（ここでは**C:¥ android**とする）を入力する。また［Build Variants］は［release］を選択して、［完了］ ボタンをクリックする。

結果 C:¥androidフォルダーに、キーストア（wings.jks）ファイルと、とaabファイル（app-release.aab） が含まれたreleaseフォルダーが作成される。

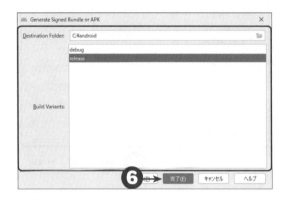

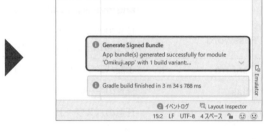

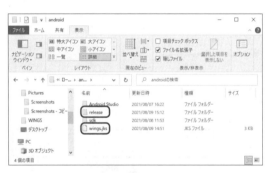

用語

キーストア

キーストア（Key Store）とは、**公開鍵方式**の暗号化 に用いられる**秘密鍵**と、関連する**証明書**（公開鍵証明 書）のデータをまとめたファイル（データベース）で す。公開鍵方式とは、秘密鍵とそれとペアになる**公開 鍵**と呼ばれる鍵を用いる暗号化方式のことです。一 方の鍵で暗号化したデータは、そのペアとなる鍵で しか復号できません。

デジタル署名とは

　ここでの**デジタル署名**と は、作成したAndroidアプ リの作成元に間違いがない か、アプリが改ざんされて いないかを確認するための しくみです。

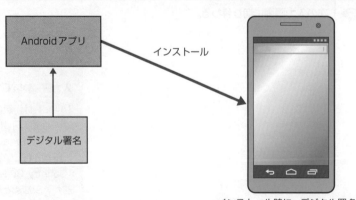

インストール時に、デジタル署名を 利用してファイルを確認する

このデジタル署名がないと、アプリをAndroid端末（エミュレータでも実機でも）にインストールすることはできません。ただし、これまでは特に署名をつけるような操作は行っていませんでした。その理由は、Android Studioが、自動的に開発用のキーストアを作成していたためです。ただし、あくまで開発用ですので、Google Playに登録するには新たにキーストアを作成する必要があります。

　登録用のデジタル署名のために、手順❸〜❹でキーストアを作成しています。ここでは、新規のキーストアとして、C:¥androidフォルダーにwings.jksという名前を指定しています。

　またここでは、**証明書**（公開鍵証明書）の設定も行っています。証明書は、公開鍵が本人のものであることを証明するためのものです。一般的な証明書は、**認証局**と呼ばれる機関（ベリサイン社など）によって発行されます。Androidアプリで使用する証明書は、認証局での発行は不要で、自分で作成した（**自己認証局**と呼びます）証明書を利用します。

　手順❻で、キーストアと**aabファイル**が作成されます。aabファイルとは、Android App Bundle形式と呼ばれるAndroidアプリのインストールファイルです。Android端末にインストールするためには、この形式のファイルひとつにまとめる必要があります。Google Playに登録するのも、このファイルになります。

　なお、Google Playに登録する際には、このaabファイル以外に、アプリのスクリーンショットや高解像度のアイコン画像（あらかじめ作成しておく必要があります）、アプリの説明文などの入力が必要です。詳しくはこのあとの「9.2　Google Playにアプリを登録しよう」で説明します。

Android App Bundle

　2021年の8月から、Google Playに新規でアプリを登録する場合は、Android App Bundle形式のファイルが必須となりました。Android App Bundle形式とは、アプリのソースコードやリソースなどが含まれた公開形式のことです。aabファイルと呼ばれる、Android端末に実際にインストールされるファイルは、Google Playで自動的にビルドされます。そのため、たとえば複数の言語に対応したアプリでは、ダウンロードするユーザーに応じて、希望の言語用のアプリを自動的にビルドしてインストールすることも可能になります。

Androidアプリのデジタル署名のしくみ

デジタル署名は、**公開鍵方式**の暗号化と、**ハッシュ関数**の2つの技術から成り立っています。ハッシュ関数とは、元のデータを少しでも修正したら、計算結果の値（**ハッシュ値**）がまったく異なる値になる、という関数です。

Androidアプリをインストールする際には、デジタル署名を公開鍵で復号して得られたハッシュ値と、アプリ自体から計算したハッシュ値が比較されます。この値が同じであれば、作成したアプリが証明されたことになり、インストールが可能になります。

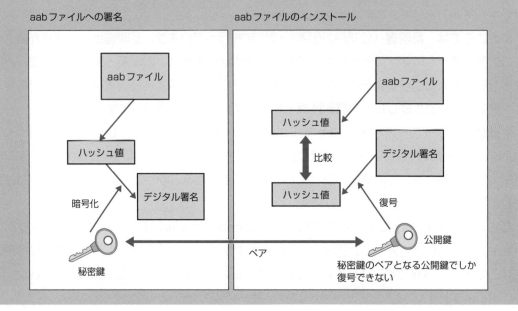

Google Play にアプリを登録しよう

ここでは、Google Play のデベロッパーアカウントを取得して、作成した Android App Bundle ファイルを Google Play に登録します。

Google アカウントを開設しよう

Google Play にデベロッパー登録を行う前に、Google アカウントを開設しておかなければなりません。なお、すでに Gmail を利用しているなどで Google アカウントがある場合は、この手順は不要ですので、次の「Google Play でデベロッパーアカウントを登録しよう」に進んでください。

1 Google Chrome ブラウザで **https://accounts.google.com/SignUp** にアクセスする。

結果▶ [Google アカウントの作成] ページが表示される。

2 名前、ユーザー名、パスワードを入力して、[次へ] をクリックする。

結果▶ 次の入力画面に切り替わる。

3 生年月日や性別などを入力して、[次へ]をクリックする。

結果▶ プライバシーポリシーと利用規約の画面に切り替わる。

 注意

画面が変更される場合がある

ここでは本書執筆時点の Google のサイトをもとに説明していますので、みなさんが実際に登録するときには、画面が変更されている可能性があります。その場合は、画面の指示にしたがって入力してください。

4 [同意する] をクリックする。

結果▶ アカウント作成が完了し、ようこそページが
表示される。

Google Playでデベロッパーアカウントを登録しよう

続いて、Google Playでデベロッパーアカウントの登録を行います。

1 Google Chromeブラウザで **https://play.google.com/console/signup** にアクセスする。Googleにログインしていなければアカウントの選択ページに移動するのでアカウントを選択し、次のページでパスワードを入力してログインする。[おすすめの設定] 画面が表示されたときは [後で行う] をクリックして続ける。

結果▶ Google Play Consoleの [新しいデベロッパーアカウントを作成] ページが表示される。

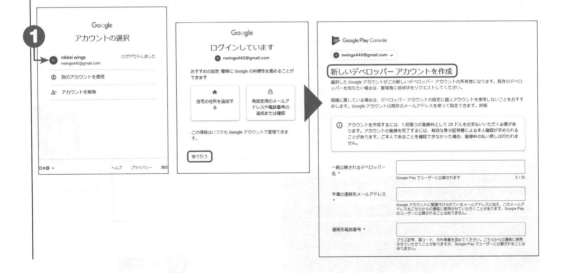

2 次の項目を入力し、デベロッパーの契約と利用規約のチェックボックスにチェックを入れて［アカウントを作成して支払う］をクリックする。

項目	入力値
［一般公開される デベロッパー名］	開発者として登録する 任意の名前
［予備の連絡先 メールアドレス］	任意のメールアドレス
［連絡先電話番号］	日本の電話番号であれば、最初に国番号の+81をつけ、市外局番の先頭に0がつく場合は0を省略する （例：+813xxxxxxxx、xは実際の番号）

結果 クレジットカード情報の登録画面が表示される。

3 カード情報と請求先情報を入力し、［購入］をクリックする。

結果 アカウント作成完了の表示になり、［Play Consoleに移動］ボタンが表示される。続けてGoogle Playにアプリを登録するときは、このボタンをクリックして、次の項の手順❷から続ける。

Google Playにアプリを登録しよう

Google Playに、aabファイルや画像ファイルをアップロードして、アプリの登録を行います。なお、前の項から続ける場合は、手順❷から始めてください。

1 Google Chromeブラウザで**https://play.google.com/console/**にアクセスして［Play Consoleに移動］ボタンをクリックする。ログインページが表示されたときは、パスワードを入力してログインする。

結果▶ Google Play Consoleの［すべてのアプリ］画面が表示される。

2 ［アプリを作成］をクリックする。

結果▶ ［アプリを作成］画面が表示される。

3 次の項目を設定し、申告欄にもチェックを入れて、［アプリを作成］をクリックする。

項目	内容
［アプリ名］	アプリの名前を入力
［デフォルトの言語］	［日本語 - ja-JP］を選択
［アプリ/ゲーム］	［ゲーム］を選択
［有料/無料］	［無料］を選択

結果▶ アプリが登録され、ダッシュボードページが表示される。

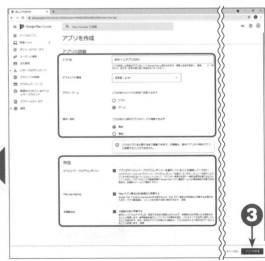

アプリのセットアップをしよう

これ以降のアプリ公開に必要な手順は、ダッシュボードページに一覧で示されています。手順の各項目名は、リンクになっていて、そのリンクをクリックすることで、それぞれの入力画面に移動できるようになっています。

1 ［アプリのセットアップ］の［タスクを表示する］の▼をクリックしてタスクを表示し、［アプリのアクセス権］をクリックする。

結果▶ アプリのアクセス権の選択画面になる。

2 ［すべての機能が特別なアクセス権を必要とすることなく利用できる］を選択して、［保存］をクリックする。

結果▶ アプリのアクセス権の登録が完了する。

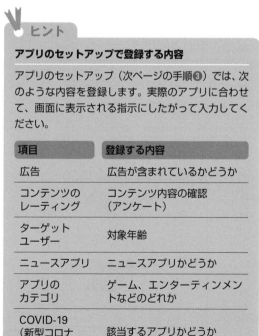

ヒント

アプリのセットアップで登録する内容

アプリのセットアップ（次ページの手順❸）では、次のような内容を登録します。実際のアプリに合わせて、画面に表示される指示にしたがって入力してください。

項目	登録する内容
広告	広告が含まれているかどうか
コンテンツのレーティング	コンテンツ内容の確認（アンケート）
ターゲットユーザー	対象年齢
ニュースアプリ	ニュースアプリかどうか
アプリのカテゴリ	ゲーム、エンターティンメントなどのどれか
COVID-19（新型コロナウイルス感染症）アプリ	該当するアプリかどうか（本書のアプリは該当しない）

3 ［ダッシュボード］をクリックして戻り、前の手順と同様に、［広告］、［コンテンツのレーティング］、［ターゲットユーザー］、［ニュースアプリ］、［COVID-19（新型コロナウイルス感染症）の接触確認アプリとCOVID-19感染の可能性アプリ］、［アプリのカテゴリを選択し、連絡先情報を提供する］の項目を、アプリに合わせて登録する。

結果▶ ダッシュボードページの登録状況が更新される。

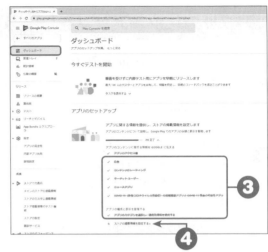

4 ［ストアの掲載情報を設定する］をクリックする。

結果▶ ストアの掲載情報の登録画面になる。

5 ［アプリの詳細］で、［アプリ名］（50文字以内）、［簡単な説明］（80文字以内）、［詳しい説明］（4000文字以内）の欄に適宜入力する。続けて［グラフィック］で、Windowsのエクスプローラーからあらかじめ用意しておいた画像をドラッグアンドドロップしてアップロードし、［保存］をクリックする。

結果▶ ストアの掲載情報が登録される。

ヒント

ストアの掲載情報の登録に必要な画像

ストアの掲載情報の登録画面では、次の項目の画像をアップロードする必要があります。これらのファイルは、あらかじめ作成しておいてください。

項目	内容
［アプリの アイコン］	512×512のサイズで、PNG またはJPEG形式
［フィーチャー グラフィック］	1024×500のサイズで、PNG またはJPEG形式
［携帯電話版の スクリーン ショット］	最小320ピクセル、最大3840 ピクセルのサイズで、PNGまた はJPEG形式（2ファイル以上 が必要）

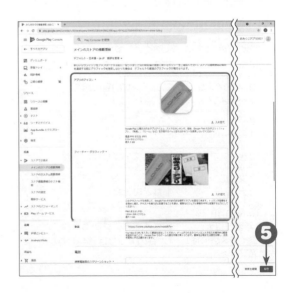

6 [ダッシュボード] をクリックして、ダッシュボードページに戻る。

結果 ダッシュボードから [アプリのセットアップ] が消えている。

7 [Google Playにアプリを公開する] のタスクを表示し、[国や地域を選択する] をクリックする。

結果 国／地域の選択画面になる。

8 [国/地域を追加] をクリックし、表示された画面で日本を選択して追加する。

結果 日本が追加される。

9 [新しいリリースを作成]をクリックする。

結果▶ Android App Bundle ファイルの登録画面になる。

10 Windowsのエクスプローラーを開き、aabファイル（c:¥android¥release¥app-release.aab）をドラッグアンドドロップしてアップロードする。

結果▶ aabファイルが登録される。

11 リリース名とリリースノートを適宜編集して［保存］をクリックし、その後［リリースのレビュー］をクリックする。

結果▶ リリース作業が行われる。

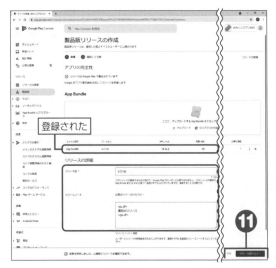

12 エラーがなければ、［製品版としての公開を開始］をクリックする（難読化に関する警告は無視してよい）。

結果▶ 公開に向けて審査が開始される。

ヒント

登録したアプリを更新するには

Google Play Consoleでは、登録したアプリを選択することで、公開／非公開の変更や、スクリーンショットや説明文の更新が行えます。

● ～ もう一度確認しよう！～ チェック項目 ●

☐ アプリに署名をつける方法はわかりましたか？

☐ Googleアカウントの開設方法はわかりましたか？

☐ デベロッパー登録について理解しましたか？

☐ アプリの登録について理解しましたか？

索引

索 引

索 引

索引

索 引

索 引

●著者紹介

WINGS プロジェクト 髙江 賢（たかえ けん）
生粋の大阪人。プログラミング歴は四半世紀を超え、制御系から業務系、Web系と幾多の開発分野を経験。現在は、株式会社気象工学研究所に勤務。気象と防災に関わるシステムの構築に携わる。その傍ら、執筆コミュニティ「WINGSプロジェクト」のメンバーとして活動中。主な著書は、『基礎からしっかり学ぶC#の教科書 改訂新版』（日経BP）、『[改訂新版] Javaポケットリファレンス』（技術評論社）、『たのしいラズパイ電子工作ブック』（マイナビ出版）など。

●監修者紹介

山田 祥寛（やまだ よしひろ）
千葉県鎌ヶ谷市在住のフリーライター。Microsoft MVP for Visual Studio and Development Technologies。執筆コミュニティ「WINGSプロジェクト」代表。最近の活動内容は公式サイト（https://wings.msn.to/）を参照されたい。主な著書は、『書き込み式SQLのドリル 改訂新版』（日経BP）、『独習シリーズ（Java・C#・Python・PHP・ASP.NET・Ruby）』（翔泳社）、『はじめてのAndroidアプリ開発 第3版』（秀和システム）など多数。

●本書についてのお問い合わせ方法、訂正情報、重要なお知らせについては、下記Webページをご参照ください。なお、本書の範囲を超えるご質問にはお答えできませんので、あらかじめご了承ください。

https://project.nikkeibp.co.jp/bnt/

●ソフトウェアの機能や操作方法に関するご質問は、ソフトウェア発売元または提供元の製品サポート窓口へお問い合わせください。

作って楽しむプログラミング　Androidアプリ超入門　改訂新版
Android Studio 2020.3.1 & Kotlin 1.5で学ぶはじめてのスマホアプリ作成

2021年11月15日　初版第1刷発行

著　　者	WINGSプロジェクト 髙江 賢	
監 修 者	山田 祥寛	
発 行 者	村上 広樹	
編　　集	生田目 千恵	
発　　行	日経BP	
	東京都港区虎ノ門4-3-12　〒105-8308	
発　　売	日経BPマーケティング	
	東京都港区虎ノ門4-3-12　〒105-8308	
装　　丁	小口 翔平＋阿部 早紀子（tobufune）	
DTP制作	株式会社シンクス	
印刷・製本	図書印刷株式会社	